Melanie von Orlow

Mein
Insektenhotel

Wildbienen, Hummeln & Co.
im Garten

Inhalt

Bienen, Hummeln, Wespen – geheimnisvolle Vielfalt

Die unbekannte Bienenwelt

Jeder weiß, was Bienen, Hummeln und Wespen sind – oder meint es zu wissen. Natürlich, diese mehr oder weniger schwarzgelb geringelten, mehr oder weniger pelzigen, mehr oder weniger stechfreudigen Summer und Brummer kennt jedes Kind spätestens seit der Fernsehserie „Biene Maja". Dennoch ist so mancher nicht in der Lage, Bienen, Hummeln und Wespen auseinanderzuhalten. Denn dafür muss man schon ein klein wenig genauer hinsehen.

Und wer noch genauer hinsieht, kann entdecken, dass es noch viel mehr Bienen, Hummeln und Wespen gibt – der kann eine faszinierende Vielfalt von Formen und Lebensweisen entdecken: die Welt der solitären Wildbienen, Wespen und der Hornissen- und Hummelvölker. Wobei manche dieser Insekten, obwohl sie „Biene" oder „Wespe" heißen, schon rein äußerlich kaum an das klassische Bienen- und Wespenbild erinnern. Das Spannendste an diesen kleinen Wesen ist aber ihre ganz besondere Lebensweise: Die Art, wie sie Nester bauen und ihren Nachwuchs versorgen – und wie sehr sie dabei auf geeignete Bedingungen in ihrem Lebensraum angewiesen sind.

Willkommene Gäste

Sie sind Pflanzenbestäuber und Schädlingsbekämpfer, sehen oft auch noch hübsch aus und haben faszinierende Verhaltensweisen – Grund genug für Garten- und Balkonbesitzer, sich mit dieser interessanten Insektengruppe näher zu beschäftigen. Als friedliche Zeitgenossen – viele sind sogar stechunfähig – eignen sie sich auch hervorragend, um Kindern ein Stückchen Natur näherzubringen. Sie lassen sich mit einfachen Mitteln in den Garten und sogar auf den Balkon in der Stadt locken und dort ansiedeln. Die Nisthilfen dafür können Sie einfach selber bauen.

Dieses Buch soll Ihnen dabei helfen, diese Tiere und ihre Bedürfnisse kennenzulernen und sich auf eine spannende Entdeckungsreise in ihre Welt zu begeben. Wer zum ersten Mal mit „seiner" Hummelkönigin mitfiebert und ihr die Daumen drückt, dass sie die schwere Zeit der Nestgründung unbeschadet übersteht, wer einer Mauerbiene beim Bau ihres Nestchens in einer Fensterritze zuschaut, der wird diese Insekten künftig mit anderen Augen sehen.

Wildbienen

Die sogenannten solitären Bienen oder Wildbienen findet man an Blüten, manchmal huschen sie gerade in ein kleines Erdloch, buddeln zwischen Pflastersteinen oder verschwinden in einer Ritze am Fensterrahmen. Im Gegensatz zu den sozial, also in Familienverbänden lebenden Verwandten, wie Honigbienen oder Hummeln, sind bei diesen Arten die Individuen allein auf sich gestellt, und sie lagern auch keine Honigvorräte für schlechte Zeiten ein. Doch sie leisten ebenso wie die Hummeln und Honigbienen in der Natur und in den Gärten eine gewaltige Arbeit: Indem sie die Blüten bestäuben, tragen sie zur Erhaltung vieler Wildpflanzen bei, und unsere Obsternte

Eine Sandbiene, die fleißig Pollen gesammelt hat.

Die Helle Erdhummel (Bombus lucorum) ist im Garten häufig.

Die Waldwespe ist eine friedliche sozial lebende Art.

würde ohne ihren Einsatz in Menge und Qualität wesentlich bescheidener ausfallen.

Hummeln

Vielen Menschen sind diese gemütlich wirkenden Blütenbesucher sympathisch. Ihre dichte, lange Behaarung in hübschen Farben, der tiefe Brummton beim Fliegen wie auch der weit verbreitete Mythos, dass Hummeln nicht stechen können, tragen zu ihrer Beliebtheit bei. Im Gegensatz zu den eher hektisch wirkenden Bienen gelten Hummeln als gemächliche Zeitgenossen. Ebenso wie die Honigbienen und die solitären Bienen tragen sie jedoch wesentlich zur Bestäubung von Wild- und Nutzpflanzen bei. Und die Hummelkönigin leistet Gewaltiges, wenn sie im Frühjahr ihren Sommerstaat gründet.

Wespen

Beim Stichwort „Wespen" denken die meisten Menschen mit Unbehagen an die gelb-schwarzen, unbehaarten In-

sekten, die im Sommer über Kuchen und Aufschnittplatten herfallen. Tatsächlich gibt es aber sehr viele Wespenarten, von denen sich nur zwei Arten überhaupt für unser Essen interessieren. Und nur die Wenigsten leben sozial, also in Völkern – die meisten Arten sind Einzelkämpfer, sogenannte solitäre Wespen. Auch sie leisten ihren aus menschlicher Sicht positiven Beitrag: Als Insektenjäger sind sie wichtige Gegenspieler für zahlreiche Schadinsekten.

Wespen im Dienst des Menschen

Viele solitäre Wespen werden gezüchtet, um im Dienst des Menschen Ernteausfälle zu vermindern oder sogar bei der Erhaltung von Kunstschätzen mitzuhelfen. So bewahrte eine nur 2 mm große Wespe, die Lagererzwespe *Lariophagus distinguendus*, den 400 Jahre alten hölzernen Altaraufbau im Erfurter Dom vor der Zerstörung durch die Larven des Gemeinen Nagekäfers.

Verwandtschaftsverhältnisse

Wer weiß schon, dass es insgesamt an die 800 Bienenarten und rund 700 Wespenarten im deutschsprachigen Raum gibt? Sie alle gehören zur Insektengruppe der **Hautflügler** (Hymenoptera) und innerhalb dieser zu den **Stechimmen** (Aculeata). Die zahlreichen Familien der Stechimmen werden von den Biologen in drei Überfamilien gegliedert.

Die Chrysidoidea sind eine Gruppe mit über 6000 zumeist parasitisch lebenden Arten, das heißt, ihre Larven ernähren sich von der Brut bzw. den eingelagerten Nahrungsvorräten verwandter Insekten. In diesem Buch werden die größten und schönsten Vertreter, die **Goldwespen** (Chrysididae), vorgestellt.

Die zweite Überfamilie, Vespoidea, umfasst viele Familien, darunter die **Echten Wespen** (Vespinae), Ameisen (Formicidae), **Keulenwespen** (Sapygidae) und **Wegwespen** (Pompilidae). Aus diesen und anderen Familien werden häufige und gut erkennbare Arten behandelt.

Zur dritten Überfamilie, Apoidea, zählt unter anderem die Familie der **Bienen** (Apidae). Zu dieser artenreichen Familie gehören zählen neben der bekannten **Honigbiene** auch die **Hummeln** und die **Wildbienen**.

Einzelkämpfer

Wildbienen sind Solitärbienen, das heißt, sie leben allein – im Gegensatz zu den Honigbienen, die in dauerhaften Völkern zusammenleben, und den sozialen Wespen und Hummeln, die in den warmen Monaten des Jahres „Sommerstaaten" bilden. Die staatenbildenden Insekten haben im Laufe der Evolution komplexe Verhaltensweisen und – infolge der Arbeitsteilung – körperliche Anpassungen entwickelt. Demgegenüber stellen die einzelgängerischen Wildbienen entwicklungsgeschichtlich die Urform der bekannten Honigbiene dar. Bei ihnen sind Nestbau und Brutversorgung allein den Weibchen überlassen, die ihr meist nur kurzes Leben ganz dieser Aufgabe widmen. In Deutschland sind rund 560 Arten bekannt.

Das soll eine Biene sein?

Nicht wenige Wildbienen und Solitärwespen sind spontan gar nicht als Bienen oder Wespen zu erkennen. Oft fehlen vermeintlich typische Merkmale wie die Behaarung der Bienen oder die gelb-schwarze Signalfarbe der Wespen. So sind manche Bienenarten fast völlig unbehaart, und viele solitäre Wespen sind einfarbig schwarz und schillern buntmetallisch.

Aus der Sicht des Zoologen lassen sich Wespen und Bienen am besten an der Nahrung für ihren Nachwuchs unterscheiden: Bienen suchen Blüten auf, um den daraus gesammelten Pollen als Nahrungsgrundlage für die Brut zu nutzen. Wespen hingegen verfüttern in der Regel tierische Eiweiße, also erbeutete Insekten, an ihren Nachwuchs.

Allerdings lassen sich dennoch viele Wespenarten auch an Blüten beobachten – zum einen machen sie Jagd auf Blütenbesucher, sie werden aber auch von leicht erreichbaren Nektarquellen

*Gesicht und Mundwerkzeuge einer Acker-
hummel, die zur Familie der Bienen gehört.*

*Hornissen haben kräftige Zangen als Mund-
werkzeuge.*

*Die lange Zunge einer Hummel, ideal zum
Nektarsaugen.*

in flachen Blüten angelockt. Dement-
sprechend unterscheiden sich die
Mundwerkzeuge von Bienen und Wespen. Während Wespen starke, mit Za-
cken ineinandergreifende Oberkiefer-
zangen zum Ergreifen von Beutetieren
besitzen, sind diese Zangen bei Bienen
eher als flache Schaufeln gestaltet, die
sie zum Bauen verwenden. Nur wenige, aktiv Holz bearbeitende Arten
wie die Blaue Holzbiene (*Xylocopa violacea*) haben ähnlich starke und
scharfe Mundwerkzeuge wie Wespen.

Typisch für Bienen ist die in der
Regel längere Zunge für den Blütenbesuch, die gut geschützt in einem Saug-
rohr untergebracht ist. Diese Mund-

werkzeuge werden im Flug längs des
Körpers unter Kopf und Brust geklappt
und erst beim Landeanflug an der
Blüte nach vorn ausgestreckt (Foto
Pelzbiene Seite 134). Wer einer Hummel beim ausgiebigen Putzen der
Mundwerkzeuge zuschaut, kann dabei
die lange und sehr bewegliche Zunge
besonders gut beobachten.

Nützliche Jäger
Indem solitäre Wespen unermüdlich
Insekten für Ihren Nachwuchs jagen,
leisten sie einen unersetzlichen Beitrag
für die Regulierung zahlreicher Schadinsekten. So gibt es solitäre Wespen
wie die Rollwespen, die gezielt wurzel-

Rollwespen als Käferbekämpfer

Rollwespen wurden bereits gezielt zur biologischen Bekämpfung von schädlichen Blatthornkäfern eingesetzt, beispielsweise bei lokalen Maikäferplagen.

schädliche Engerlinge (Käferlarven) befallen.

Andere bejagen Käfer oder Kleinschmetterlinge und deren Larven und begrenzen damit die Schäden im Obst-, Gemüse- und Getreideanbau. Manche solitären Wespen verhindern die Verbreitung von Krankheitskeimen durch Fliegen, die sie als Beute jagen. Mit der Vielfalt an Wespenarten geht eine Spezialisierung auf bestimmte Beutetiere und Lebensräume einher. Gerade bei den solitären Wespen wird deutlich, dass sich in der Natur einzelne Arten nicht einfach durch andere ersetzen lassen.

Hygieneschutz mit Wespen

Einige solitäre Wespen werden sogar gezüchtet und gezielt zum Nutzen des Menschen eingesetzt: Vor allem im Kampf gegen Lebensmittelschädlinge in Lagern oder Produktionseinrichtungen haben sie sich als giftfreie Alternative einen Namen gemacht.
Inzwischen kann man die Eier der nur wenige Millimeter großen Wespenarten sogar für den Einsatz in der heimischen Speisekammer kaufen, wo sie zielsicher verborgene Getreideschädlinge aufspüren, ohne dabei selbst zum Problem zu werden.

Wehrhaft oder friedfertig?

Der Giftstachel der Stechimmen ist evolutionsmäßig betrachtet ein umgebauter Eiablageapparat. Das erklärt, warum grundsätzlich nur Weibchen stechen können. Die hochentwickelten Bienen- und Wespenstaaten bauen ganz auf Arbeiterinnen auf und nicht auf Männchen, denn nur die Weibchen können mit speziellen Organen Pollen sammeln bzw. Beutetiere erlegen und das Nest mit Stichen verteidigen. Verwandte ursprüngliche Gruppen wie die Pflanzenwespen (Symphyta) besitzen noch den ursprünglichen, rohrförmigen Eilegeapparat, mit dem sie Eier in Pflanzengewebe ablegen. Bei den Stechimmen ist diese Röhre zum Wehrstachel geworden, die übrigens auch eierlegende Weibchen wie die Bienen- oder Hummelkönigin besitzen – sie haben dafür einen neuen Eiablageapparat entwickelt.

Sticht sie oder nicht?

Der Wehrstachel ist unterschiedlich stark ausgebildet. Bei manchen Artengruppen, wie den Goldwespen (Chrysididae), ist er vollkommen zurückgebildet, sie sind daher stachellos. Andere

Schmerzhaft beim Stich: der Stachel einer Hornisse.

hingegen haben ihn als Waffe gegen große räuberische Wirbeltiere perfektioniert. Doch bei den meisten solitären Bienen und Wespen ist der Stachel zu klein und zu schwach, um die menschliche Haut zu durchstoßen. Diese Arten verlassen eher ein Nest und überlassen es dem Angreifer, als dass sie sich bei der Verteidigung in Gefahr bringen. Daher sind sie besonders geeignet, um Kinder an diese Insektengruppe heranzuführen, und stellen auch für Menschen mit Insektengiftallergie keine Gefahr dar.

Wer ist am giftigsten?

Übrigens hat nicht etwa die allgemein so gefürchtete Hornisse (*Vespa crabro*, Seite 154) das stärkste Gift, sondern die allgemein so geschätzte Honigbiene (Seite 140). Ihr Gift ist bis zu zehnmal stärker als das der Hornisse. Die Giftwirkung schwankt im Einzelfall jedoch stark abhängig von der Stichstelle und dem Gesundheitszustand des Gestochenen. Tatsächlich sterben jedes Jahr in Deutschland zehn bis 40 Personen an Insektenstichen – in der Regel jedoch infolge einer Insek-

Imposantes Staatsinsekt

Es gibt tropische Solitärwespen, vor denen selbst Vogelspinnen höllischen Respekt haben. Eine dieser Wespen, der bis zu 5 cm große Tarantulafalke (*Pepsis formosa*), hat es sogar zum offiziellen Staatsinsekt von Mexiko gebracht. Die Weibchen dieser Art stellen den handtellergroßen Vogelspinnen nach. Ihr Opfer lähmen sie mit einem Stich, legen ein Ei darauf ab und graben es an Ort und Stelle ein oder schleppen es zu einem Versteck.

tengiftallergie und nicht aufgrund der reinen Giftwirkung.

Die bekannten Hausmittel – Einreiben der Stichstelle mit einer halbierten Zitrone, Zwiebel oder Rhabarber – helfen nur, wenn sie unmittelbar nach dem Stich angewandt werden. Auch zehnprozentige Ammoniaklösung (aus der Apotheke) oder elektrische Geräte, die die Stichstelle lokal erwärmen, lindern die schmerzhafte Schwellung.

Die Honigbiene hat einen Stechapparat entwickelt, der vollkommen selbstständig weiterarbeitet, wenn er vom Körper getrennt wurde. Wenn der winzige Stachel von der Biene abgerissen wird, pumpt er weiter Gift in den Körper des Gestochenen, so dass dieser – ob Maus, Bär oder honigerntender Imker – damit beschäftigt wird, den plagenden Stachel aus der Haut zu ziehen.

Risiko Insektengiftallergie

Insektengiftallergien sind sehr selten – nur etwa drei bis fünf Prozent der Bevölkerung reagieren so stark auf Insektenstiche, dass selbst ein einzelner Stich tödliche Folgen haben kann. Man kann sich beim Hautarzt sicher testen lassen. Die Allergie lässt sich sehr gut behandeln – im Gegensatz zu Pollenallergien mit einer Erfolgsrate von über 98 Prozent.

Ein Leben für die nächste Generation

Die Brutpflege ist bei den Bienen und Wespen ein aufwendiges Geschäft, denn der Weg vom Ei bis zum fertigen Insekt ist weit. Sie gehören zu den Insekten mit vollständiger Verwandlung, die – ob Schmetterling, Käfer oder Biene – immer nach demselben Schema abläuft: Aus dem Ei schlüpft zunächst eine Larve, die äußerlich rein gar nichts mit dem fertigen Insekt zu tun hat. Einzige Aufgabe der Larve ist es, zu fressen und zu wachsen. Dann verpuppt sie sich, und aus dem Kokon schlüpft schließlich das voll ausgebildete Insekt, das sich paaren und fortpflanzen kann.

Bei den Wildbienen und solitären Wespen ist die Lebenszeit als Vollinsekt in der Regel nur sehr kurz. Zwischen vier und zwölf Wochen sind sie in Natur und Garten unterwegs – dann aber in höchster Geschäftigkeit.

Das Wildbienenjahr beginnt
Die aktive Zeit der Wildbienen beginnt bei den meisten Arten mit dem Schlupf der Männchen, der oft schon sehr zeitig im Jahr (ab etwa März) erfolgt;

Damit fängt es an: Paarung bei der Gemeinen Löcherbiene.

manche Arten erscheinen aber auch später. Die Männchen warten dann einige Zeit auf den Schlupf der Weibchen, wobei sie sich in der Umgebung verteilen, so dass für einen genetischen Austausch gesorgt ist. Die Paarung folgt unmittelbar nach dem Schlupf der Weibchen, und zwar immer nur ein Männchen mit einem Weibchen.

Die Aufgabe der Männchen ist damit erfüllt, und sie sterben – unabhängig vom Paarungserfolg. Die Weibchen haben ebenfalls eine sehr begrenzte Lebenszeit von nur wenigen Wochen, die sie ganz der Brutpflege widmen. Sie beginnen das Brutgeschäft häufig direkt an ihrem eigenen Schlupfort oder ganz in der Nähe, so dass sie nicht viel Lebenszeit für die Nistplatzsuche aufwenden müssen. Das kann, je nach Art, ein Gang im Boden, ein Käferfraßgang im Totholz, eine Pflasterfuge oder ein hohler Stängel sein. Der Nistort wird gereinigt und neu eingerichtet oder es wird eine neue Niststelle gebaut. Manche Arten haben jedoch sehr spezielle Ansprüche an den Nistort, so dass sie länger suchen müssen – entsprechend geringer ist die Zahl ihrer Nachkommen.

Vielseitige Nestbaumeister
Solitäre Bienen nutzen ganz unterschiedliche Materialien zum Bau ihrer Nester. Über die Hälfte der Arten nisten im Erdboden. In verdichtete, eher trockene Böden graben sie Gänge, die zu den Brutzellen führen. Diese Bauten können unterschiedlich tief in der Erde liegen. Manche Sandbienen gra-

Pelzbienen nisten in Lehmwänden oder sandigen Fugen.

Eine Weiden-Sandbiene lugt aus ihrem Bodennest.

ben sich bis zu 60 cm in die Tiefe, andere, wie die Große Harzbiene (*Anthidium byssinum*), legen ihre Nester nur wenige Zentimeter tief an. Solche flach liegenden Nester können dann schon mit einem unbedachten Schritt zerstört werden.

Eine weitere große Gruppe solitärer Bienen nistet in festem Material wie Holz oder Lehmwänden, indem sie vorgefundene Spalten oder alte Fraßgänge von Käfern nutzen und nur sehr selten eigene Nistgänge bauen. Häufig legen sie Linienbauten an, bei denen eine Brutzelle hinter der anderen liegt.

Manche Bienenarten wiederum, wie die Pelzbienen, wählen Lehmwände oder sandige Fugen in Ziegelsteinmauern als Nistorte, wobei sie das Material selbst aktiv benagen und bearbeiten. Ebenso halten es Solitärbienen, die in Pflanzenstängeln nisten. Sie räumen bei der Anlage der Brutzellen noch vorhandenes Mark aus den Stängeln, um Platz für die Eier zu schaffen.

Manche Arten, wie die Kleine Harzbiene (*Anthidium strigatum*) errichten sogar kunstvolle Bauten aus Harzen, die sie geschickt an Felsen oder Mauerwerk heften.

Hotel mit Speisekammern

Wildbienennester sind oft recht komplizierte Gebilde aus mehreren Brutzellen. Die Nestanlage einer Solitärbiene kann aus unterschiedlich vielen Einzelzellen bestehen – von vier bis über 40 Zellen ist alles möglich. Die Zellenzahl ist abhängig von der Art, dem verfügbaren Platz und der Lebenszeit des Weibchens. Ist in der ersten Zelle eine ausreichende Portion Pollenvorrat deponiert, wird darauf ein einzelnes Ei gelegt. Anschließend verschließt die Biene die Brutzelle mit einer dünnen Zwischenwand und beginnt mit der nächsten Zelle. Bei manchen Arten, die ihre Nestanlagen im Boden bauen, werden die Brutzellen nicht in einer Reihe hintereinander angelegt, sondern nebeneinander, so dass alle Brutzellen auf gemeinsame Verbindungsgänge münden.

Zum Abschluss dieser aufwändigen Prozedur wird die Niststätte durch ei-

Entwicklung einer Mauerbienenart: Die Eier liegen im Pollenvorrat, dann zehren die Larven diesen auf und verpuppen sich schließlich.

Zweitbezug im Schneckenhaus

Besondere Spezialisten unter den Wildbienen, wie manche Mauerbienenarten, bauen ihre Nester in leeren Schneckenhäusern, die sie mühsam drehen und dann noch zusätzlich mit einem selbst gebauten Dach vor der Entdeckung durch Fressfeinde schützen.

Schneckenhaus-Mauerbienen haben besondere Vorlieben bei der Wohnungswahl.

nen Pfropfen verschlossen, der je nach Wildbienenart unterschiedlich gestaltet und aus verschiedenen Materialien hergestellt ist – das kann ein feines Seidengeflecht sein (die Seidenbienen der Gattung *Colletes* kleiden damit sogar ihre Brutnester aus), eine Schicht von Blattstückchen oder ein Klümpchen Lehm.

In seinem meist nur kurzen Leben versucht das Weibchen, so viele Nestanlagen zu schaffen wie nur möglich. Die Brutfürsorge beschränkt sich dabei in der Regel auf das Einlagern von ausreichend Proviant in entsprechend vorbereitete Zellen – die aus den Eiern schlüpfenden Larven müssen sich dann nur noch bedienen.

Von Bienen und Blumen

Die Bienenlarven brauchen eiweißreiche Pollennahrung zu ihrer Entwicklung. Hierzu tragen die Bienenweibchen große Mengen an Pollen herbei. Da die Weibchen nur kurze Zeit leben, sind sie besonders fleißig und effizient beim Sammeln des Blütenstaubes. Pelzbienen besuchen in derselben Zeit bis zu viermal so viele Blüten wie Honigbienen, sie sind deshalb besonders gute Bestäuber.

Blütenpollen wird von den Solitärbienenweibchen auf verschiedene Weise gesammelt. Manche Arten (zum Beispiel Mauerbienen und Blattschneiderbienen), sind Bauchsammler, die den Blütenpollen mit Hilfe langer Haare am Bauch transportieren. Andere besitzen entsprechende Transporteinrichtungen an den Beinen – der Name „Hosenbienen" ist für

Die Blattschneiderbiene Megachile centuncularis ist ein Bauchsammler.

einen Teil dieser Gruppe besonders passend, da die vollgeladenen Beinsammelhaare an dicke Pluderhosen erinnern (etwa bei der Hosenbiene auf Seite 122). Der Pollen wird in der Regel trocken in diese Transporteinrichtungen gekämmt. Manche Bienen (wie Sägehornbienen und Langhornbienen) feuchten den Pollen mit Nektar an; andere (zum Beispiel Schenkelbienen) benutzen dazu von den Pflanzen gesammeltes Öl. Manche ursprüngliche Arten (wie die Maskenbienen und Keulhornbienen) schlucken den Pollen auch hinunter, um ihn an der Niststelle wieder hervorzuwürgen.

Spezialisten und Generalisten

Eine Besonderheit bei vielen Arten von Solitärbienen sind ihre sehr speziellen Nahrungsbedürfnisse: Für die Proviantausstattung der Brutzellen besuchen sie nur die Blüten einer ganz bestimmten Pflanzenart oder einer eng begrenzten Auswahl von Pflanzen. Dadurch sind diese wählerischen Insekten sehr eng an bestimmte Lebensräume und Blütenbestände gebunden. Wer diese Zusammenhänge kennt, kann also durch gezieltes Anpflanzen von bestimmten Gewächsen besondere Arten in den eigenen Garten locken und so die Bienenvielfalt enorm erhöhen. Weiter verbreitet sind allerdings die Solitärbienenarten, die nicht auf bestimmte Pflanzengesellschaften angewiesen sind, sondern alle möglichen Blütenpflanzen besuchen.

Verwandlung im Verborgenen

Die Larve zehrt den Pollenvorrat allmählich auf und wird dabei immer größer. Weil die Haut nicht mitwächst,

Eine Blattschneiderbiene schneidet ein Rosenblatt …

… und trägt es zum Tapezieren in ihr Nest.

wird sie immer wieder abgestreift (Häutung) und durch die darunter liegende neue Haut ersetzt. Wenn der Nahrungsvorrat verzehrt ist und die Larve die Zelle weitgehend ausfüllt, spinnt sie sich ein zur Puppe.

Die meisten Solitärbienen bringen nur eine Generation pro Jahr hervor. Die Larve überwintert dann in der Regel als sogenannte Ruhelarve, das heißt, sie bleibt als Larve in ihrer Zelle und verwandelt sich erst im folgenden Jahr kurz vor dem Schlupf zum fertigen Insekt. Bei einigen Arten bleibt ein kleiner Teil der Brut als sogenannte „Überlieger" unverpuppt und schlüpft erst im Jahr darauf, also erst zwei Jahre nach der Eiablage. Dies dient dazu, hohe Verluste (zum Beispiel durch Witterungseinflüsse) abzupuffern, durch die eine lokale Population in ihrem Bestand bedroht werden könnte.

Daneben gibt es auch Arten, bei denen – gute Futter- und Witterungsbedingungen vorausgesetzt – noch im selben Jahr eine zweite Generation schlüpft. Diese zweite Generation legt dann die Nester an, deren Brut überwintert, bis im nächsten Jahr der Lebenszyklus von Neuem beginnt.

Festung gegen feindlichen Zugriff

Zahlreiche Fressfeinde, ob andere Insekten, Milben oder Vögel, sind scharf auf Bienenbrut und Proviantvorräte. Manche Solitärbienen sorgen daher für einen festen mechanischen Schutz, zum Beispiel durch dicke Trennwände aus Lehm, Sand oder Steinchen. Besonders raffiniert sind die Blattschneiderbienen (*Megachile*): Sie versehen die Brutzellen mit einer zähen Tapete aus Stücken von frischen Laub- oder Blütenblättern, die sie zuvor selbst ausgeschnitten und – unter dem Bauch zusammengerollt – zur Niststätte getragen haben.

Solitärwespen: Gruselige Kinderstuben

Der Jahreszyklus der solitären Wespen, von denen rund 620 Arten in Deutschland bekannt sind, ähnelt sehr dem der einzelgängerischen Bienen. Allerdings verwenden die Wespen – mit Ausnahme einer speziellen Gruppe, der Honigwespen (Masarinae) – anstelle von Pollen erjagte Insekten als Proviant für ihre Brutzellen.

Wenn sich die Weibchen der solitären Wespen ans Brutgeschäft machen, dann bauen sie, ebenso wie die Wildbienen, zunächst eine Nestanlage mit Brutzellen, die sie je nach Art an unterschiedlichen Stellen errichten – häufig im Boden (was einer ganzen Familie, den Crabronidae oder „Grabwespen", den Namen gegeben hat), bei anderen Arten im Totholz, in markhaltigen Pflanzenstängeln oder in selbstgebauten Tonzellen in Mauerritzen oder an Pflanzenästen (zum Beispiel bei den Pillenwespen, Eumenes). Manche Arten bauen aus Lehm und Ton recht große und harte Nester bauen (zum Beispiel die Große Lehmwespe, *Delta unguiculatus,* Seite 161). Häufiger sind eher unauffällige kleine Bauten wie die zerbrechlichen Tönnchen der Orientalischen Mauerwespe (*Sceliphron curvatum,* Seite 177), die an witterungsgeschützten Stellen errichtet werden.

Gelähmte Beute

Ist die erste Zelle fertig, wird sie mit Proviant ausgestattet. Je nach Art dienen dazu Spinnen, Fliegen, Blattläuse oder andere Insekten sowie deren Larven, die mit dem Stachelgift gelähmt und dann ins Nest geschleppt werden. Manche Wespenmutter macht es sich dabei besonders einfach: So dringen die Weibchen der Gemeinen Schornsteinwespe (*Odynerus spinipes,* Seite 164) auch mal kurzerhand in die Nester ihrer Artgenossinnen ein und rauben die dort deponierten Beutetiere. So sparen sie sich die Mühen einer aufwendigen Jagd.

Ist die Zelle mit einem ausreichenden Futtervorrat versorgt, dann wird sie mit einem einzelnen Ei bestückt und mit Lehm, Steinchen, Sand oder einem selbst produzierten Seidengespinst verschlossen. Dann wird die

Das Lehmnest einer Großen Lehmwespe.

Die Frühlings-Wegwespe ist auf Spinnen spezialisiert.

Kotwespen tragen Schmeißfliegen in ihr Nest.

Porträt eines Bienenwolfs.

nächste Zelle begonnen. Noch während die weiteren Zellen im Bau sind, schlüpft in der ersten Zelle die Wespenlarve. Sie findet sich in einem Schlaraffenland aus lebenden, aber vollkommen hilflos gelähmten Beutetieren wieder. Die Larve muss die Beutetiere nur noch anbeißen und aussaugen.

Die reichhaltige Kost lässt die Larve schnell wachsen. Nach vier oder fünf Häutungen füllt sie die Brutzelle fast vollständig aus. Die übrig gebliebenen leblosen Hüllen der Beutetiere stören dabei nicht, sie lassen der Larve ausreichend Platz für die Verpuppung. Dazu spinnt sie einen festen Kokon aus selbst produzierter Seide. Manche Grabwespenarten (zum Beispiel der Gattungen *Pemphredon* und *Psenulus*) bauen nur einen sehr dünnen oder sogar gar keinen Kokon. Arten mit nur einer Generation pro Jahr überwintern noch als Larve, ehe sie sich im nächsten Frühjahr in das Vollinsekt umwandeln.

Reinlichkeit ist lebenswichtig

Für Pilze und Bakterien, die im Boden und im morschen Holz reichlich vorkommen, sind Brut und Vorräte von solitären Bienen und Wespen ein „gefundenes Fressen". Daher wurden Strategien entwickelt, um den Befall

Verkannter Räuber

Einer der bekanntesten Vertreter der Solitärwespen ist der Bienenwolf (*Philanthus triangulum*), der als „Bienenräuber" lange Zeit massiv verfolgt wurde. Tatsächlich ist diese Wespe darauf spezialisiert, Honigbienen zu erbeuten und als Futter für die Nachkommen einzulagern. Wenn man allerdings bedenkt, dass in einem Honigbienenvolk täglich bis zu 2000 Bienen schlüpfen, dann sind die höchstens 12 Honigbienen, die der Bienenwolf für eine Brutzelle benötigt, für das Bienenvolk kaum der Rede wert.

durch Mikroorganismen zu verhindern. Zum Großreinemachen beim Nestbau benutzen viele Bienen- und Wespenarten spezielle Sekrete mit antibakterieller und pilzabtötender Wirkung. Manche tragen keimabtötende Harze ein, vergleichbar der bekannten Propolis, die von der Honigbiene zum keimfreien Versiegeln kleinster Öffnungen im Bienenstock benutzt wird. Einige Solitärbienen bringen sogar bestimmte Bakterien ins Nest, die Antibiotika erzeugen und dadurch die Larven vor Krankheiten schützen.

Hummeln: Einen Sommer lang gemeinsam

Hummeln sind neben den Honigbienen wohl die bekanntesten Vertreter aus der Familie der Echten Bienen (Apidae). In ihrer sozialen Organisation sehen wir eine Übergangsform zwischen der einzelkämpferischen Lebensweise der solitären Bienen und der sozialen Lebensweise der Honigbienen. Die Hummeln bilden Sommerstaaten aus Arbeiterinnen, die von einem einzelnen Tier – der Königin – gegründet werden.

Der Krieg der Königinnen

Die scheinbare Gemütlichkeit der Hummeln täuscht. Auch sie haben jede Menge zu tun, um das Überleben und die Fortpflanzung zu sichern. Das beginnt schon im Frühjahr, wenn die jungen, im Vorjahr begatteten Hummelköniginnen aus der Winterstarre erwachen. Nachdem sie sich an den ersten Frühblühern, wie Weiden und Krokus-

sen, gestärkt haben, machen sie sich umgehend an die Nistplatzsuche. Das Problem dabei: Die Konkurrenz ist groß. Von den rund 36 ursprünglich in Deutschland lebenden Hummelarten haben viele ganz ähnliche Nistplatzansprüche. Sie schätzen warme, geschützte Hohlräume, die mit trockenem, weichem Füllmaterial ausgekleidet sind. Ideal sind verlassene Mäusenester, aber auch Gebäudedämmungen aus Mineralwolle oder Vogelnester in Nisthöhlen.

Die Hummelköniginnen auf Wohnungssuche fallen beim Osterspaziergang auf, wenn sie kreisend am Boden nach Unterschlupfen spähen und kleine Höhlungen, Spalten unter umgestürzten Baumstämmen oder Löcher zwischen Gehwegplatten inspizieren. Starke Hell-Dunkel-Kontraste ziehen sie an, daher wählen sie gerne Flächen mit regem Licht- und Schattenspiel für ihr Bauvorhaben, während monotone Sand- oder Rasenflächen eher gemieden werden. Es gibt Hinweise darauf, dass einige Arten, wie zum Beispiel die Erdhummel (*Bombus terrestris*, Seite 141), bei ihrer Suche auch den Geruch von Mäusen als Nistplatzanzeiger nutzen und sogar aktiv Mäuse aus ihren Nestern vertreiben. Andere Arten kehren auch gerne wieder an die Stätte ihrer Geburt zurück, wie etwa die Steinhummel (*Bombus lapidarius*, Seite 144) und die Gartenhummel (*Bombus hortorum*, Seite 142)

Wird ein interessanter Platz entdeckt, so beginnt die Hummelkönigin mit einer ausgiebigen Inspektion. Wenn sich dabei zwei Konkurrentin-

Warum Hummeln fliegen können

Altbekannt ist die Behauptung, dass Hummeln wegen ihrer kleinen Flügelfläche im Verhältnis zum hohen Körpergewicht – „wissenschaftlich" betrachtet – eigentlich gar nicht fliegen können dürften. Tatsächlich beruht sie auf längst überholten Berechnungen aus den Anfangszeiten der Fliegerei. Heute weiß man, dass an den Flügelspitzen der Hummeln Auftrieb gebende Wirbel entstehen. Sie sorgen dafür, dass die pelzigen Schwergewichte inzwischen auch mit mathematischer Bestätigung fliegen können.

nen begegnen, kann es zu einem kurzen, aber heftigen Gefecht kommen, das im Extremfall sogar mit dem Stachel entschieden wird. In der Regel aber genügt das warnende Brummen der Nistplatzinhaberin, um andere Wohnungsbewerber abzuschrecken.

Hummelhonig für schlechte Zeiten

Nach dem Bezug der neuen Bleibe beginnt die Hummelkönigin mit der Einrichtung des Nistplatzes. In dem weichen Füllmaterial formt sie eine Mulde, in die sie eine flache Wachsschale und ein bis zu 1,5 cm hohes Tönnchen setzt. Das Wachs produziert sie wie die Honigbienen in speziellen Wachsdrüsen am Hinterleib. Die Wachsplättchen werden mit den Vorderbeinen und den breiten Kieferzangen geformt. Anschließend bestückt die Königin das Tönnchen mit dem ersten Nektarvorrat.

Den Nektar sammelt sie mit Hilfe ihrer langen Zunge, die in einem Rohr aus mehreren Unterkiefer-Elementen verläuft. Im Magen wird dem zunächst dünnflüssigen Nektar Wasser entzogen, und durch Enzyme verändert sich die Zuckerzusammensetzung. Das dickflüssige Endprodukt wird als Hummelhonig bezeichnet. Er ähnelt dem Bienenhonig, der auf vergleichbare Weise hergestellt wird. Hummelhonig wird jedoch in weit geringeren Mengen gebildet und ist wegen seines höheren Wassergehalts nicht so lange haltbar. Aber das ist auch nicht erforderlich, denn im Gegensatz zum Bienenhonig, der vom Bienenvolk als Wintervorrat angelegt wird, dient der Hummelhonig lediglich zur Überbrückung kurzer Schlechtwetterperioden.

Krokusse bieten den frühen Hummelköniginnen eine erste Stärkung.

Für die Hummelkönigin ist dieser erste Vorrat überlebenswichtig, denn sie hat noch keine Arbeiterinnen, die ihr die gefahrvollen Sammelausflüge abnehmen können. Diese erste Arbeiterinnengeneration muss sie erst heranziehen.

Larvenwiege mit Heizung

Dazu legt sie 8 bis 15 Eier in die Wachsschale hinter dem Vorratstönnchen und verschließt die Schale zu einer unregelmäßig geformten Wachskugel. Diese Wiege aus Wachs wärmt sie nun mit der schwach behaarten Unterseite ihres Hinterleibs, während sie sich selbst aus dem Honigtopf bedient.

Dieses „Bebrüten" während der Larvenentwicklungszeit ist eins der Erfolgsgeheimnisse der Hummeln. Die Flugmuskeln im Brustabschnitt können von den Flügeln abgekoppelt werden. Die Muskeln arbeiten dann, ohne dass

Die Königin einer Dunklen Erdhummel in ihrem Nest.

sich die Flügel bewegen, und erzeugen dabei Wärme. Über die schmale Verbindung zwischen Brustabschnitt und Hinterleib wird die erwärmte Körperflüssigkeit dann in den Hinterleib transportiert, wo die Wärme über die Unterseite abgegeben wird.

Will die Hummel dagegen bei kühlem Wetter zum Sammelflug starten, wird die Muskelwärme zum Aufwärmen des Brustmuskels verwendet. Das Prinzip der Kraft-Wärme-Kopplung zusammen mit der dichten Behaarung und der großen Körpermasse bei gleichzeitig geringer Oberfläche ermöglicht der Hummel einen sparsamen Wärmehaushalt. Sie ist damit bestens gerüstet als Bewohner kühlerer Regionen und höherer Lagen.

Taschenmacher und Pollenlagerer

Aus den Eiern schlüpfen die Hummellarven – Maden mit gewaltigem Appetit. Sie brauchen für ihre Entwicklung große Mengen an Protein in Form von Blütenpollen. Die Nahrung der ersten Generation wird von der Hummelkönigin unermüdlich herbeigeschafft.

Man teilt die Hummeln nach der Fütterungsmethode in zwei Gruppen ein: die sogenannten „Taschenmacher" und die „Pollenlagerer".

Taschenmacher

Taschenmacher, wie die Ackerhummel (*Bombus pascuorum,* Seite 147), bauen eine Wachstasche an die Larvenwiege an. Die Tasche wird regelmäßig mit Pollen gefüllt, von dem sich die Larven über eine Öffnung in der Wiegenwand bedienen. Dies hat zur Folge, dass verschiedene Larven unterschiedlich gut im Futter stehen. Wer mehr abbekommen hat, wird größer, und das macht sich auch bei der erwachsenen Hummel bemerkbar, wobei generell die Arbeiterinnen deutlich kleiner sind als die Königin. Die unterschiedliche Körpergröße der Arbeiterinnen ist aber kein Problem, denn Hummeln dieser Artengruppe machen später einfach das, was sie am besten können: Die kleineren bleiben im Stock, sie pflegen den Nachwuchs, putzen und bauen. Die größeren Hummeln hingegen sind besser für die Sammlertätigkeit geeignet. Sie tragen Pollen und Nektar ein, bezahlen aber ihr „aufregenderes" Leben mit einer meist wesentlich kürzeren Lebensdauer.

Pollenlagerer

Bei den Pollenlagerern, zu denen die bekannte gelb-schwarz-weiß gestreifte Erdhummel (*Bombus terrestris,* Seite 141) gehört, wird der Blütenpollen in leeren Kokons und eigens angefertigten Gefäßen gelagert. Manchmal kann der Pollenvorrat gegen Ende des Hummeljahres regelrechte Türme von mehr als 5 cm Höhe bilden. Bei Arten dieser Gruppe hat jede Larve ein eigenes Futterloch und erhält individuell zugeteilte Futterrationen. Die Hummeln aus einer Larvenwiege sind daher meist etwa gleich groß; nur die erste Generation ist in der Regel deutlich kleiner als die nächste, da die Versorgung durch die Königin alleine bescheidener ausfällt.

Damit die Larven, die bis zur Verpuppung zusammenleben, ausreichend Platz haben, wird die Larvenwiege ständig mit Wachs erweitert. Erst bei der Verpuppung isolieren sich die Larven mit ihren einzelnen Kokons voneinander.

Erste Arbeiterinnen

Ein bis zwei Tage, nachdem die ersten Hummelarbeiterinnen ausgeflogen sind, endet für die Königin die gefahrvolle Zeit des Ausfliegens. Nur eine von etwa zehn Hummelköniginnen schafft es überhaupt so weit!

Nun kann sie sich ganz auf die Eiablage konzentrieren, während die Arbeiterinnen die übrigen Verrichtungen übernehmen. Dazu gehört neben der Stockpflege, dem weiteren Ausbau des Nestes und dessen Verteidigung vor allem das gefahrvolle Einholen von Pollen und Nektar.

Gedeckter Tisch mit Hindernissen

Der Blütenpollen wird von den Hummeln in ihrem dichten Haarpelz gesammelt. Er bleibt dort beim Blütenbesuch haften, wird dann von den Tieren mit den Beinen abgebürstet und, mit etwas Nektar vermischt, als fester Ballen in den langen Haaren am hinteren Beinpaar verstaut. Diese auffälligen Sammelhaare besitzen nur die weiblichen Hummeln, den Männchen fehlen sie.

Die Pollenausbeute können die Hummeln durch das sogenannte Vibrationssammeln noch zusätzlich steigern. Dazu verbeißen sie sich mit ihren kräftigen Kieferzangen in die Blüte und lassen dann die Flugmuskulatur mit hoher Frequenz arbeiten. Das auffällig helle Surren, das dabei entsteht, kann man auch von außen gut hören, zum Beispiel an Rosen. Durch diesen Trick wird die Blüte zusätzlich erschüttert und weiterer Pollen von den Staubgefäßen abgeschüttelt. Es gibt sogar Blütenpflanzen, die sich im Lauf der Evolution an das Vibrationssammeln angepasst haben. Der Große Klappertopf (*Rhinanthus angustifolius*) zum Beispiel reagiert speziell auf diese

Ackerhummel-Arbeiterinnen helfen dem Nachwuchs beim Schlupf.

Sammelhaare am Hinterbein einer Erdhummel.

Erschütterungen mit einem Schwall von Pollen, was dazu führt, dass nur Hummeln diese Pflanzen richtig bestäuben können.

Hummeln besuchen in der Regel sehr verschiedene Blütenpflanzen, manche haben sich aber auch stark spezialisiert und tragen ihre bevorzugte Futterpflanze sogar im Namen, wie beispielsweise die sehr selten gewordene Eisenhuthummel (*Bombus gerstaeckeri*).

Extra langer Rüssel

Im Gegensatz zu Honigbienen und Solitärbienen besitzen Hummeln sehr langgestreckte Mundwerkzeuge, mit denen sie auch besonders tiefe Blüten erreichen können. Der Rot-Klee (*Trifolium pratense*) beispielsweise ist eine bekannte Nutzpflanze, die nur von Hummeln gut bestäubt werden kann. Zwar besuchen auch Honigbienen seine Blüten, aber nur dann, wenn der Nektarpegel in den vielen Einzelblüten hoch genug gestiegen ist. Zudem sind Hummeln durch ihre Größe und ihr Gewicht in der Lage, auch solche Blüten zu besuchen, die zunächst einen sehr verschlossenen Eindruck machen: Salbei (*Salvia*-Arten) oder das bekannte Löwenmäulchen (*Antirrhinum majus*) sind klassische Hummelpflanzen, die sich nur bei geschickter Landung einer schweren Hummel öffnen.

Nektardiebe

Manchen Hummeln ist das redliche Absammeln kompliziert gebauter Blüten, wie etwa beim Löwenmäulchen, zu viel Arbeit. Sie begehen stattdessen „Blüteneinbruch". Dazu beißen sie die Kronröhre der Blüte einfach seitlich auf, um direkt an den Nektar zu gelangen. Gerne nutzen im Gefolge dann auch Honigbienen diese Bissstellen, um sich ihren Teil zu holen. Das Nachsehen hat die Pflanze, denn solcherart geöffnete Blüten werden nicht bestäubt und bilden keine Früchte.

Bei dieser Ackerhummel ist der lange Rüssel gut zu sehen.

Hummelexport

Die hohe Bestäubungsleistung der Hummeln machte die Tiere für die Landwirtschaft interessant. Inzwischen werden Hummelvölker ganzjährig gezüchtet, um dann als Paketware in Gewächshäusern zum Einsatz zu kommen. Leider führte dies aber dazu, dass insbesondere die Dunkle Erdhummel (*Bombus terrestris*) weltweit verschleppt wurde und nun in ihren neuen Verbreitungsgebieten eine mögliche Bedrohung für einheimische Arten darstellt.

Männchen einer Wiesenhummel (Bombus pratorum)

Revolution im Hummelvolk

Der Schluss- und Höhepunkt in der Entwicklung des Hummelvolkes wird markiert durch das Erscheinen der Männchen und der Jungköniginnen. Wie genau dieser Prozess ausgelöst wird, ist noch nicht vollständig geklärt.

Königin oder Arbeiterin?

Bei der Dunklen Erdhummel (*Bombus terrestris*) beispielsweise ist offenbar ein von der alten Königin abgegebener Stoff entscheidend. Ist er in den ersten fünf Tagen im Leben einer Larve vorhanden, führt dies dazu, dass sich die Larve zu einer Arbeiterin entwickelt. Fehlt der Stoff, weil die Königin die Abgabe einstellt oder altersbedingt

weniger davon produziert, so entwickelt sich die Larve – ausreichend Futter und Pflege vorausgesetzt – zur Königin. Bei anderen Hummelarten sind aber eventuell noch andere Einflüsse von Bedeutung, zum Beispiel, wie häufig die Larve von den Arbeiterinnen gefüttert wird.

Männchen-Anzucht

In der Regel beginnt diese für das Hummelvolk wichtigste Zeit mit der Anzucht von Männchen. Das Geschlecht der Nachkommen steuert die Königin bei der Eiablage. Den Spermienvorrat, den sie während des Paarungsfluges erhalten hat, trägt sie in einem speziellen Organ mit sich und befruchtet normalerweise die Eier im

Eileiter, die sich dann zu einer weiblichen Larve entwickeln. Im Sommer werden aber die ersten Eier ohne Spermienbeigabe gelegt, die sich dann zu Männchen (Drohnen) entwickeln.

Mit dieser neuen Kaste im Hummelvolk beginnen sich Unruhe und Aufregung auszubreiten. Das einst so harmonisch zusammenarbeitende Volk droht ins Chaos abzugleiten. Einzelne, zumeist ältere Arbeiterinnen beginnen, die Königin herauszufordern und deren alleinigen Fortpflanzungsanspruch in Frage zu stellen. Denn auch sie können Eier legen, die allerdings (mangels Spermienvorrat) generell unbefruchtet bleiben, so dass nur männliche Hummeln daraus entstehen. Da sich die Söhne der Arbeiterinnen jedoch genetisch von denen der Königin unterscheiden, sind sie durchaus eine sinnvolle Ergänzung des „Genpools", also des genetischen Vorrats des Hummelvolkes.

Die Königin wie auch „königintreue" Arbeiterinnen kontern dieses Vermehrungsstreben wiederum durch Auffressen solcher „illegitimer" Arbeiterinnen-Eier. So beginnt ein regelrechtes Katz-und-Maus-Spiel, bei dem Arbeiterinnen sich gegenseitig über die Waben jagen, mit abgespreizten Flügeln und aufgeregtem Summen bedrohen und immer wieder Eibecher öffnen, inspizieren und unerwünschte Eier verzehren.

Junge Königinnen

Im Chaos des zerfallenden Hummelvolkes wachsen jedoch trotz allem gut versorgt und behütet die Jungköniginnen heran. Manche von ihnen tragen sogar noch etwas Pollen ein oder beteiligen sich durch Wärmen der Brut an der Nestpflege. Doch schon bald verlassen sie das Nest. Nach der Paarung mit meist nur einem einzigen Drohn ziehen sich die jungen Hummelköniginnen schon im Spätsommer zurück. In weiches Erdreich oder Kompost eingegraben, dabei von körpereigenen „Frostschutzmitteln" gegen den Kältetod geschützt, schlummern sie dem nächsten Frühling und der Gründung ihres eigenen Sommerstaates entgegen. Allerdings wird ein Großteil von ihnen die lange Überwinterung dennoch nicht überleben, sondern fällt Pilzen, Parasiten oder Fressfeinden zum Opfer.

Das alte Volk jedoch löst sich allmählich auf, und Arbeiterinnen wie Drohnen gehen ein, nachdem die Königin oft schon Wochen zuvor gestorben ist. Manche Hummelarten können bis in den Oktober hinein als Volk überdauern, doch die meisten Arten sind bereits Ende August von der Bildfläche verschwunden.

Bieneneier im fremden Nest

Manche fortpflanzungswilligen Arbeiterinnen umgehen die Kämpfe in ihrem Stock, indem sie ihre Eier anderen Völkern unterschieben.

So wurde beobachtet, dass Arbeiterinnen der Dunklen Erdhummel (*Bombus terrestris*) benachbarte Nester ihrer Artgenossen aufsuchen. Dort schleichen sie sich unter hohem Risiko für Leib und Leben ein, um in dem fremden Volk ihre Eier zu legen.

Soziale Wespen: Besser als ihr Image

Wespen kennt jeder – die gelb-schwarz gestreiften Insekten sind gleichermaßen vertraut wie gefürchtet. Regelmäßig berichten die Medien im Sommer über „Wespenplagen", und so scheint es vielen, als ob „die Wespe" nur in die Welt gesetzt worden sei, um uns Stiche und Ärger zu bereiten.

Tatsächlich gibt es „die Wespe" eigentlich gar nicht. Vielmehr gibt es 11 unterschiedliche Arten, die zur Unterfamilie der „Echten Wespen" (Vespinae) gehören. Zusammen mit anderen Unterfamilien, wie den Feldwespen (Polistinae) und den solitären Lehmwespen (Eumeninae), bilden sie die große Familie der Faltenwespen (Vespidae), die mit rund 100 Arten in Deutschland vertreten ist. Der Name verweist auf die Eigenart der Tiere, in Ruhestellung die Flügel in Längsrichtung zu falten. Allerdings gibt es in südlicheren Ländern auch Faltenwespenarten, die dieses Merkmal nicht zeigen. Vielleicht dient es dazu, beim Bewegen in engen Nestern die Flügel zu schonen.

Nützlich: eine Gemeine Wespe hat eine Fliege gefangen.

Von dieser riesigen Gruppe sind es nur zwei Prozent (nämlich zwei Arten), die das Wespenimage aus der Sicht des Menschen massiv beschädigt haben. Darunter leiden fast die gesamten restlichen 98 Prozent dieser Artengruppe. Die gelb-schwarzen Jäger haben ein echtes Imageproblem als aggressive Lästlinge, Krankheitsüberträger und Bauschädlinge, und man fürchtet ihre womöglich sogar lebensgefährlichen Stiche. Ihre Leistungen als natürliche Schädlingsbekämpfer werden dagegen kaum wahrgenommen.

Wespe ist nicht gleich Wespe

Die Echten Wespen gliedern sich in drei Gattungen:
- die Hornissen (*Vespa*), von denen es in Deutschland nur eine auffällige Art gibt,
- die Kurzkopfwespen (*Vespula*) mit vier Arten (darunter eine rein parasitisch lebende) und
- die Langkopfwespen (*Dolichovespula*) mit sechs Arten (davon zwei parasitische).

Ebenfalls oft am Haus und im Garten zu finden ist die Haus-Feldwespe (*Polistes dominulus,* Seite 152), die zur Unterfamilie der Feldwespen gehört.

Lang- und Kurzkopfwespen unterscheiden sich nicht nur in der Kopfform, sondern auch in Lebensweise und Nestbau. Alle diese Arten bauen mehr oder weniger auffallende Nester, die sie bei Störung mit Stichen verteidigen – hierbei gibt es jedoch große Unterschiede. Manche Arten, wie die Haus-Feldwespe, sind kaum aus der Ruhe zu

Porträt einer Hornisse.

Die Gemeine Wespe ist eine Kurzkopfwespe.

Die Sächsische Wespe gehört zu den Lang-kopfwespen.

bringen, während die Nester der Mittleren Wespe (*Dolichovespula media,* Seite 155) lange unentdeckt bleiben und deren Bewohnerinnen dann erst beim Heckenschneiden „bestechend" auf sich aufmerksam machen.

Zwei unbeliebe Arten

Die kopfstärksten und im Zusammenleben eher schwierigsten Arten, die beiden Kurzkopfwespen Deutsche und Gemeine Wespe (*Vespula germanica, V. vulgaris* – Seite 160), bauen ihre Nester ebenfalls recht versteckt im Boden, un-

ter dem Dach oder in Verschalungen. Sie fallen spät und dann oft unangenehm auf – durch den Heißhunger ihrer Bewohner auf süßen Kuchen, Wurst und Grillfleisch und manchmal durch Schäden infolge ihrer Nagetätigkeit im Nestbereich. Unter diesem Verhalten leidet nicht nur der Mensch. Es sind vor allem Langkopfwespen wie die Sächsische Wespe (*Dolichovespula saxonica,* Seite 156), deren freihängende und oft gut sichtbare Nester am Dachfirst, im Dachboden oder Gartenschuppen oft aus Sorge vor Stichen und Belästigung beseitigt werden. Dabei sind die Langkopfwespen nicht an unseren Lebensmitteln interessiert. In der Regel sterben ihre Völker natürlicherweise ab, bevor die Völker der Deutschen und Gemeinen Wespe im Spätsommer so groß werden, dass sie beginnen, unsere Esstische zu umschwärmen.

Wie ein Wespennest entsteht

Alle bei uns heimischen sozialen Wespenarten bilden sogenannte „Sommerstaaten", das heißt ihre Völker existieren wie die der Hummeln nur für wenige Sommermonate. Das Wespen-

Eine Sächsische Wespe raspelt Holz für den Nestbau ab.

Das Nest einer Waldwespe.

jahr beginnt im zeitigen Frühjahr, wenn die jungen, im Vorjahr herangezogenen Weibchen, auch „Königinnen" genannt, aus den Winterquartieren ans Sonnenlicht krabbeln. Gut sechs Monate haben sie dann mit viel Glück überstanden, ohne hungrigen Mäusen oder tiefen Temperaturen zum Opfer zu fallen. Nur die Hornissenköniginnen lassen sich noch etwas Zeit und sind erst zwischen Anfang Mai und Ende Juni auf Nistplatzsuche unterwegs.

Nach einer kurzen Orientierungsphase, in der sich die Tiere mit süßen Baumsäften und ersten erbeuteten Insekten stärken, suchen die Königinnen nach geeigneten Nistplätzen. Dabei kann es auch zu heftigen, manchmal tödlichen Kämpfen mit Konkurrentinnen kommen.

Als Baumaterial dient mürbes Holz, das von Totholz, aber auch von Zaunlatten oder Gartenmöbeln abgeraspelt und mit Speichel zu einer papierartigen Masse zerknetet wird. Die Wespenkönigin baut einen dicken, festen Stiel und eine erste kleine Etage aus sechseckigen, nach unten geöffneten Zellen, die schon beim Bauen mit jeweils ei-

nem Ei bestückt werden. Während sich die Brut entwickelt, baut die Königin immer neue Zellen seitlich an den Wabenteller. Als Kälteschutz wird er noch mit einer Hülle umgeben, so dass das Nest am Ende wie ein kugelförmiger Lampion in Tischtennisballgröße aussieht. Am unteren Ende befindet sich ein einzelnes Flugloch, durch das die Wespenkönigin ein- und ausfliegt.

Die Heide-Feldwespe baut ihr Nest gerne in hoch gewachsene Wiesen.

Aller Anfang ist schwer

Die schlüpfenden Larven kleben sich mit einem Sekret am Zellenboden fest und können daher nicht aus den Zellen fallen. Sie werden von der Wespenkönigin emsig umsorgt und mit proteinreichem Fleisch erbeuteter Insekten gefüttert. Je nach Wespenart jagen die Königinnen dazu unterschiedliche Beutetiere. Die Mittlere Wespe (*Dolichovespula media*, Seite 155) beispielsweise ist ein gewandter Fliegenjäger. Die große Hornisse (*Vespa crabro*, Seite 154) jagt diverse Insekten wie Falter, Bienen und Libellen, wobei sie selbst vor der körperlich unterlegenen Verwandtschaft nicht haltmacht und ihre Nachkommen schon mal mit Wespen füttert. Auch Spinnen verschmäht sie nicht.

Nahrung – besondere Vorlieben

Von den erbeuteten Insekten und Spinnen werden in der Regel nur die „Filetstücke", nämlich die muskulösen, proteinhaltigen Brustabschnitte, als Larvenfutter verwendet. Flügel, Beine, Kopf und Hinterleib werden entfernt, ebenso der harte Außenpanzer. Nach gründlichem Durchkauen wird dann der Futterbrei an die Larven weitergegeben, die die Arbeiterinnen durch Kratzen an der Zellenwand um Futter anbetteln. Gerade bei Hornissen ist dieses „Hungerkratzen" gut zu hören.

Die Königin ernährt sich, ebenso wie später die Arbeiterinnen, von süßem Nektar, klebrig-süßen Ausscheidungen von Blattläusen und Baumsäften. Letzterer wird von Hornissen durch Annagen saftreicher Pflanzentriebe von Flieder, Birke oder Weide

gezielt freigesetzt. Für die Futtersuche, die Jagd und das Heranschaffen von Baumaterial sind viele Ausflüge notwendig, die auch bei schlechter Witterung nicht ganz eingestellt werden. Zusätzlich muss die Brut auch noch gewärmt werden, so dass viele Wespen- und Hornissenköniginnen die vielen Aufgaben während der schweren Nestgründungszeit nicht bewältigen. Krankheiten, Parasiten und Fressfeinde setzen ihnen außerdem noch zu, so dass etwa neun von zehn Nestgründungen in dieser Phase scheitern.

Volk mit Wachstumspotenzial

Nach knapp zwei Wochen, in denen sich die Larven mehrmals häuten, spinnen sich die Maden in einen feinseidenen Kokon ein, in dem sie sich innerhalb von weiterer zwei Wochen zum ausgewachsenen Insekt entwickeln. Bei dieser ersten Generation handelt es sich ausnahmslos um Arbeiterinnen. Sie sind wie bei den Hummeln auch bei den Wespen in der Regel deutlich kleiner als die Königin. Bei den Hornissen zum Beispiel sind die Arbeiterinnen nur 2,5 bis 3,5 cm lang, während die Königin über 4 cm misst. Die Arbeiterinnen übernehmen nach und nach die Brutpflege- und Nestbauarbeiten der Königin, die sich schließlich nur noch auf die Eiablage konzentriert und etwa zwei bis drei Wochen nach dem Schlupf der ersten Generation nicht mehr ausfliegt. Die Arbeiterinnen erweitern nun das Nest beständig und pflegen die Brut.

Erst im Spätsommer fallen die Deutsche und die Gemeine Wespe (Seite 160) mit ihrem Besuch an Kuchentafeln und Schinkenplatten auf.

Eine Hornissenkönigin bei der Eiablage.

Eine Hornisse schlüpft aus ihrem Kokon.

Dann sind die Völker stark gewachsen und haben einen großen Futterbedarf. Diese beiden Arten erreichen als einzige soziale Wespen Kopfstärken von rund 10 000 Tieren. Die meisten anderen Wespenarten begnügen sich mit wenigen hundert (Hornisse) bis knapp über tausend (Sächsische Wespe) Arbeiterinnen.

Die nächste Generation

Im Sommer – je nach Art zwischen Juni und August – beginnt die Königin, neben befruchteten auch unbefruchtete Eier zu legen. Aus diesen Eiern entwickeln sich (wie bei den Bienen) nur stachellose Männchen, die Drohnen. Bei den Wespen fallen sie durch ihre besonders langen Fühler und – zumindest bei den Hornissen – auch durch ihre Größe auf. Etwas später beginnt dann auch die Aufzucht von Jungköniginnen, die nach dem Schlupf noch besonders gut gefüttert werden, damit sie ein dickes Fettpolster für die Winterruhe bilden können. Drohnen und Jungköniginnen fliegen ein bis zwei Wochen nach dem Schlupf zum Hochzeitsflug aus.

Mehrere Hornissenmännchen versuchen sich hier mit der jungen Königin zu paaren.

Die Paarung erfolgt meistens an Drohnensammelplätzen, die von den Männchen regelmäßig angeflogen und mit speziellen Duftstoffen markiert werden. Nach der Paarung, die oft mehrere Minuten dauern kann, haben die Männchen ihre Aufgabe erfüllt und sterben kurze Zeit später.

Winterruhe

Die Jungköniginnen hingegen suchen nun nach geeigneten Überwinterungsplätzen unter Holzstapeln, in Schuppen oder in den Eingangsröhren von

Maulwurfgängen. In der Winterruhe reduzieren sie Atmung und Herzschlag und nehmen eine seltsame Haltung ein: Die Flügel werden seitlich zwischen Beine und Hinterleib gepresst. Man vermutet, dass dies dazu dient, die seitlich gelegenen Atemöffnungen abzudecken und damit den Flüssigkeitsverlust gering zu halten.

So ruhen sie bis zum nächsten Frühjahr – vorausgesetzt, sie bleiben von den Widrigkeiten der Winterzeit verschont: Nasskalte Klimabedingungen fördern das Wachstum von Pilzen, denen die Jungköniginnen nicht selten zum Opfer fallen. Fressfeinde wie Vögel und Mäuse können sie aufstöbern und – da bewegungsunfähig und klamm – widerstandslos verspeisen. Klirrend kalte Winter sind für das Überleben der Tiere in der Regel günstiger als „Schmuddelwetter" mit häufigen Temperatursprüngen.

Und das Nest?

Das Mutternest geht nach dem Ausfliegen von Jungköniginnen und Drohnen zugrunde. Bei manchen Arten kann das sehr schnell gehen, bei der Sächsischen Wespe (Seite 156) beispielsweise innerhalb von zwei Wochen, während andere sich nur allmählich bis Ende Oktober (Hornisse) entvölkern. An geschützten Stellen können manche Wespennester sogar bis Mitte Dezember überdauern. Die alte Königin stirbt meist recht früh, nach rund einem Jahr Lebensdauer.

Das alte Wespennest wird im Folgejahr nicht wieder besiedelt. Allerdings wirkt es anziehend auf nistplatzsuchende Königinnen, die dann gerne in unmittelbarer Nähe bauen. Gelegentlich wurden auch schon Gründungen direkt an alten Nestern beobachtet, wobei das alte Nest teilweise abgetragen wird.

Wo Wespennester nicht willkommen sind, sollte man daher ein altes Nest gründlich entfernen und die Anheftstelle reinigen oder den Nistort verfüllen, zumindest aber unzugänglich für Wespen machen.

Dornröschenschlaf im Kaminholz

Da manche Arten gerne in Kaminholz überwintern, kommt es vor, dass die Tiere im Winter mit ins Warme genommen werden. Dort erwachen sie und sammeln sich dann an Lampen und Fensterscheiben. Diese Tiere sind – sofern es draußen nicht frostfrei und sonnig ist – nicht zu retten. Wer eine noch ruhende Hornissen- oder Wespenkönigin im Kaminholz findet, sollte sie daher so schnell wie möglich wieder nach draußen ins Kühle bringen und sie dort unter Holz oder Rinde vorsichtig abgedeckt weiter ruhen lassen.

Kuckucke und Mitesser

Der Kuckuck ist dafür bekannt, dass er seine Eier in fremde Nester legt und von deren Besitzern ausbrüten lässt. Aber auch unter den Insekten ist diese Strategie verbreitet. Ob Bienen, Hummeln oder Wespen, ob sozial oder solitär – fast alle müssen mit solchen Brutschmarotzern leben. Oft sind es nah verwandte Arten, die sich im Laufe der Stammesentwicklung darauf verlegt haben, andere für sich arbeiten zu lassen: Anstatt viel Zeit und Mühe in die Suche und Anlage von Niststätten zu investieren, versuchen sie lieber, die eigene Brut in die Nester der Verwandtschaft einzuschmuggeln. So sind ein Drittel aller solitären Bienen „Kuckucksbienen".

Kuckuckshummeln haben keine Sammelhaare am letzten Beinpaar.

Fremdherrschaft im Sommerstaat: Sozialparasiten

Die sogenannten „Kuckuckshummeln" lassen ihre Brut von den Arbeiterinnen eines Hummelvolkes aufziehen, man bezeichnet sie daher als Sozialparasiten. Bei genauerem Hinsehen sind sie recht gut von ihren nicht-parasitischen Verwandten zu unterscheiden: Die markanten Körbchenhaare an den Hinterbeinen fehlen, denn sie sammeln ja keinen Pollen für ihre Brut. Der Panzer der Kuckuckshummeln ist kahler und glänzender und die Flügel sind rauchig-dunkel gefärbt, was beim ruhenden Insekt gut zu sehen ist.

Die Weibchen, die etwas später im Jahr erscheinen als die staatenbildenden Hummelköniginnen, suchen gezielt nach frisch gegründeten Hummelnestern, in die sie sich schon früh einschleichen. Die Königin erkennt

Eine Felsen-Kuckuckshummel (oben rechts) hat ein Steinhummel-Nest übernommen.

den tückischen Neuzugang oft nicht, und so kann man häufig sehen, wie sie gemeinsam mit der Kuckuckshummel die erste Brut betreut. Dringt die Kuckuckshummel jedoch in schon bestehende Völker ein, so kann es zu schweren Gefechten mit den Arbeiterinnen kommen, die dem Eindringling zumindest zu Beginn starken Widerstand entgegensetzen. Doch dafür ist das Kuckuckshummel-Weibchen bestens gerüstet: Stachel und Kiefer sind kräftiger als beim Wirt, der Panzer dicker.

Gelingt es dem Wirtsvolk nicht, die Kuckuckshummel zu verjagen, dann nimmt sie den Nestgeruch an, indem sie sich zwischen den Kokons oder im Nestmaterial versteckt. Die Arbeiterinnen nehmen es dann auch gelassen hin, wenn sie sich an die Stelle der eigentlichen Königin setzt, indem sie sie vertreibt oder gar tötet. In der Folge wird in dem Hummelnest dann nur noch der Nachwuchs der Kuckuckshummel aufgezogen.

Keine „Bösewichter"

Manche Hummelfreunde sehen in diesen parasitischen Hummeln unerwünschte „Gegner" der Hummelvölker. Man sollte sich aber klar machen, dass das Verhältnis von Wirt und Parasit sich im Lauf der Evolution auf ein natürliches Gleichgewicht hin entwickelt hat. Es ist eine unangemessen vermenschlichte Sichtweise, den Kuckuckshummeln wegen ihrer „unethischen" Verhaltensweisen das Lebensrecht abzusprechen. Selbstverständlich sind auch die parasitischen Bienenarten nach der Bundesartenschutzverordnung besonders geschützt.

Auch bei den sozialen Wespen sind zwei Lang- und eine Kurzkopfwespenart bekannt, die sich als Parasiten in die Nester anderer Lang- und Kurzkopfwespen einschleichen.

Eindringlinge mit Bärenhunger: Kuckuckswespen

Noch bunter und vielfältiger sind die parasitischen Formen bei den solitären Wespen, die unter dem Begriff „Kuckuckswespen" zusammengefasst werden. Sehr viele, nämlich rund ein Drittel aller Wespenarten haben eine *parasitoide* Lebensweise, das heißt im Gegensatz zur *parasitischen* Lebensweise führt ihre Entwicklung grundsätzlich zum Tod des Wirtes. Besonders schöne und auffallende Parasitoide sind die Goldwespen (Chrysididae) mit ihrem auffälligen metallischen Glanz.

Manche Kuckuckswespenarten sind streng an einen Wirt oder eine be-

Eine Goldwespe (Chrysis ignita) auf der Suche nach Wirtsnestern.

grenzte Zahl von Wirten gebunden. Ihr Schicksal ist daher eng mit dem ihrer Wirte verknüpft. Werden die Wirtsarten zum Beispiel wegen Vernichtung ihres Lebensraumes verdrängt oder gar ausgerottet, dann sind auch ihre Gegenspieler dem Untergang geweiht.

Richtiges Timing

Kuckuckswespen legen ihre Eier in die noch offenen Niststätten anderer Solitärbienen und -wespen. Die Eiablage muss zeitlich gut mit dem Nestbau des Wirtes koordiniert werden, um nicht von der Hausherrin entdeckt zu werden. Die Larve des ungebetenen Gastes schlüpft dann je nach Art zu unterschiedlichen Zeitpunkten und macht sich über die Nachkommenschaft des Wirtes her. So schlüpfen die räuberischen Larven der Kuckuckswegwespen (*Ceropales*-Arten) noch vor der Larve des Wirtes. Sie sind besonders gut beweglich und suchen zielstrebig das Ei des Wirtes auf, das umgehend angebissen und ausgesaugt wird. Anschließend machen sie sich über die Vorräte her. Die Larven anderer Arten, wie mancher Gold- oder Dolchwespen, warten ab, bis die Wirtslarve den gesamten Nahrungsvorrat verzehrt hat, und fallen erst dann über sie her. Manche Kuckuckswespenlarven, wie die der Spinnenameisen (Mutillidae), haben noch mehr Geduld und warten so lange, bis sich die Wirtslarve zur letzten Entwicklungsstufe, der Verpuppung, in einen Kokon einspinnt. Sie lassen sich dann einfach mit einspinnen, verzehren die Puppe und nutzen den Kokon des Wirtes für ihre eigene Verpuppung.

Klitzeklein und raffiniert

Das nur etwa einen Millimeter große Weibchen einer Erzwespen-Art (*Melittobia acasta*) lässt sich sogar gleich selbst durch die Nestmutter in der Brutröhre einmauern, oder es knabbert sich aktiv durch dicke Nestverschlüsse. Die in der Brutröhre vorgefundene Puppe oder Larve lähmt es mit einem Stich und deponiert dann die Eier darauf. Aus den daraus schlüpfenden Larven werden flügellose Männchen, die sich dann mit der eigenen Mutter verpaaren. Diese kann daraufhin bis zu 3000 weitere Eier legen, aus denen sich nunmehr Weibchen entwickeln. Sie verzehren die gelähmte Larve des Wirtes.

Bizarr: die Erzwespe Leucopsis dorsigera sticht ihren Legebohrer in das Holz.

Bei der eigentlich solitären Grabwespe Ectemnius ruficornis bewachen mehrere Weibchen den gemeinsamen Nesteingang.

Holzbohrer

Die Erzwespe *Leucopsis dorsigera* dagegen sucht Bienenlarven, die im Holz heranwachsen. Dann bohrt sie ihren Legebohrer in bizarrer Haltung zwischen den Hinterbeinen hindurch in mehrminütiger Dauer durch das Holz. Das Ei legt die Wespe in den Wirtskokon.

Wachsamkeit ist die beste Verteidigung

Die Wirtsarten, ob solitäre Bienen oder Wespen, haben geringe Chancen, den Parasiten zu entgehen. Neben erhöhter Aufmerksamkeit und der Bewachung des Nestzugangs bleibt ihnen nur, das Nest an einem gut versteckten Ort anzulegen, gerne hinter etwas Grün verborgen. Als Abwehr gegen Schlupfwespen werden häufig Leerzellen direkt hinter dem Verschlusspfropfen angelegt (siehe Fotos Seite 15). Das erschwert den Schlupfwespen den Zugang zur kostbaren Brut.

Nur sehr wenige Arten leben lange genug, um ihre Brut über längere Zeit zu schützen und zu versorgen. So kontrollieren die Weibchen mancher Grabwespenarten (*Ammophila*) regelmäßig den Ernährungszustand der heranwachsenden Larven und lagern sogar nachträglich Proviant ein. Dieser Ein-

Heiße Schlacht in stillen Kammern

Wie kompliziert die Beziehungen zwischen verschiedenen Bienen- und Wespenarten sein können, zeigt sich, wenn die Parasiten wiederum parasitiert werden. Von außen stechen Schlupfwespen mit ihrem langen Legebohrer durch die Verschlusspfropfen, stechen gezielt die Puppe des Parasiten an und legen ein einzelnes Ei hinein. Die Schlupfwespenlarve entwickelt sich dann zu Lasten des umgebenden Körpers. Die Puppe wird allmählich verzehrt, und statt der Biene oder des Bienenparasiten wird letztlich die Schlupfwespe zum Nutznießer des Nahrungsvorrats in der Brutzelle.

satz wird auch mit geringerem Parasitenbefall belohnt.

Schließlich bietet auch die Nähe zu Artgenossen einen gewissen Schutz gegen Parasiten. Viele Arten (zum Beispiel die Weiden-Sandbiene *Andrena vaga*) bilden große Kolonien, in denen ein Nesteingang neben dem anderen liegt, so dass immer eine wachsame Biene in der Nähe unterwegs ist. Manche Arten gehen noch weiter: Bei der Grabwespe *Ectemnius* gibt es sogar kommunale Nester, bei denen sich mehrere Weibchen einen gemeinsamen Eingang teilen, aber jede für sich selbst ein Brutnest anlegt. Solche „Wohngemeinschaften" sind auch bei den solitären Bienen bekannt. Die auf Kreuzblütler spezialisierte und selten gewordene Blauschillernde Sandbiene (*Andrena agilissima*) bildet ebenfalls solche kommunalen Nester mit einem

Es kann nur einen geben!

Manchmal geraten mehrere Parasiten zugleich in dieselbe Brutzelle. Von Beobachtungen an Keulenwespen (*Sapyga clavicornis*, Seite 149) weiß man, dass ihre Larven gezielt gegen Konkurrenten vorgehen. Nach dem Schlüpfen machen sie sich nicht gleich über die Vorräte her, sondern inspizieren als Erstes sorgfältig die Brutzelle. Treffen sie dabei auf andere parasitische Larven, kommt es zum heftigen Gefecht, bei dem es nur einen Überlebenden gibt.

gemeinsamen Eingang. So sparen sich die Tiere den Aufwand, jede für sich einen Eingangstunnel zu graben, und es sind immer aufmerksame Weibchen am Nesteingang unterwegs, um neugierige Parasiten abzuwehren.

Hotels für Wildbienen und Hummeln

Wildbienen und Wespen entdecken

Draußen in der Natur oder im Garten kann man manchmal zufällig solitäre Bienen oder Wespen entdecken, wenn sie sich an Blüten stärken, zwischen Grasbüscheln jagen, beim Nestbau Totholz inspizieren oder in Mauerritzen hineinkrabbeln. Manchmal sieht man sie beim Schleppen großer Raupen oder Spinnen. Folgt man diesen Jägern, zeigen sie einem bald das Versteck, in dem sie nisten.

Die Chance, bestimmte Wildbienen oder Wespen zu entdecken, steigt aber gewaltig, wenn man ihre Lebensgewohnheiten kennt und gezielt vorgeht. So können Sie Nahrungsspezialisten auf ihren typischen Futterpflanzen suchen oder an beliebten Nistplätzen nach Nestbauerinnen Ausschau halten. Manche Arten haben recht spezielle Ansprüche, doch alle haben gemeinsam, dass sie trockene und warme Standorte bevorzugen. Schließlich kann man die Tiere sogar gezielt durch passende Futterpflanzen- oder Nistplatzangebote in den eigenen Garten locken (mehr dazu im Garten-Kapitel ab Seite 64.).

Die Gehörnte Mauerbiene Osmia cornuta sammelt feuchten Sand für ihr Nest.

Minenbetrieb im Vorgarten

Manche Arten lassen sich gut beim Sammeln von Baumaterial beobachten. Lehmwespen zum Beispiel suchen Ton- und Lehmwände oder die Ränder eingetrockneter Pfützen auf. Bei Trockenheit befeuchten sie das lehmige Material, um dann einen Klumpen davon abzuschaben und zum Nest zu befördern.

Mauerbienen wie *Osmia cornuta* (Seite 130) hingegen benötigen für den Bau ihrer Nester feinkörnigen feuchten Sand, und wo der zu finden ist, können sich regelrechte „Minenbetriebe" entwickeln, in denen sich mehrere Weibchen emsig kratzend in den Untergrund buddeln. Solche Ansammlungen, die sich manchmal in regelmäßig gewässerten Beeten, in Aushub oder aufgeschüttetem Baumaterial bilden, werden oft für „Hummel-" oder gar „Wespennester" gehalten – sie sind aber völlig ungefährlich und nach kurzer Zeit wieder verschwunden.

Am Wildbienennest

Wildbienennester verraten sich oft durch die regelmäßige Flugtätigkeit. Zwischen Pflastersteinen, im Sandkasten, auf lückig bewachsenen Rasenflächen, an Hausmauern, im Windspiel aus Bambus oder am Sichtschutz aus Reet kann man ein reges Kommen und Gehen beobachten. Dennoch muss man sich für die Beobachtung etwas Zeit nehmen sollte, denn hier ist kein Betrieb wie am Bienenstock. Die Anflughäufigkeit an den Nestern kann sehr unterschiedlich sein. Wenn die Tiere den Proviant für die Brutzellen suchen, sind sie lange Zeit zum Pollensammeln unterwegs und dann nur selten „zu Hause". Dagegen sind sie zum Schluss der Bauphase, beim Nestverschluss, lange am Nesteingang beschäftigt. Manchmal sieht man auch nur rastlos kreisende Männchen, die vor Niststellen oder an besonders attraktiven Pflanzenbeständen patrouillieren. Sie versuchen, dort Weibchen abzufangen um sich mit ihnen zu verpaaren.

Gelegentlich sind die Nester der solitären Bienen und Wespen auch nur an kleinen Sandhäufchen zu erkennen, die plötzlich an geeigneten Stellen erscheinen und auch nach dem Wegfegen hartnäckig immer wieder auftauchen. Man sollte sich über diese Häufchen aber nicht ärgern: Wenn das Nest fertig ist, werden die Tiere selber akribisch ihre Spuren verwischen und den Nesteingang verfüllen, um die Brut vor Parasiten und Feinden zu verstecken.

Kurzes Intermezzo im Garten

Wer eine Brutstätte entdeckt hat und sie weiter beobachten möchte, sollte sich beeilen. Denn im Gegensatz zu den sozialen Wespen, deren Nester den ganzen Sommer über bestehen bleiben und beständig wachsen, sind die einzelgängerischen Verwandten sehr kurzlebig.

Der Flugverkehr kann plötzlich einsetzen und ebenso plötzlich wieder zum Erliegen kommen, denn gerade bei den solitären Wespen und Bienen beträgt die Flugzeit oft nur wenige Wochen im Jahr. Die Flugzeiten können dabei von Art zu Art recht unterschiedlich sein und daher auch als

Durch Wildbienennester verursachte Sandhäufchen zwischen Pflasterfugen.

Rote Mauerbienen bei der Paarung.

Eine Rote Mauerbiene verschließt sorgfältig ihren Nesteingang.

Hinweis zur Artbestimmung dienen (im Artenteil ab Seite 110, siehe Rubrik „Flugzeiten").

Nach rund drei bis acht Wochen hat das Weibchen seine Aufgabe erfüllt und stirbt, während seine Nachkommen gut versorgt und vor Feinden versteckt heranwachsen. So bleibt von dem einst umschwirrten Nesteingang meist nur eine mit einem unscheinbaren Pfropfen verschlossene Ritze in der Mauer oder im Holzbalken. Die Erdlöcher zwischen den Pflasterfugen, an denen eben noch rege Betriebsamkeit herrschte, sind verschwunden, und das Spektakel legt eine Pause ein – bis die nächste Art auf der Bildfläche erscheint und ihren kurzen, stürmischen Jahreshöhepunkt erlebt.

Beobachten mit System

Solitäre Bienen und Wespen erlauben leider nur selten einen Einblick in ihre versteckten Nester. Ein Beobachtungsnistkasten (Seite 52) macht es aber möglich, beim Bauen zuzuschauen. Wer dann jeden Tag ein Foto der Nestanlagen macht, kann den Bau und die Entwicklung der Brut in einer Bilderserie festhalten. Dabei sollte man auch die Nestverschlüsse von vorn fotografieren, die eine wichtige Bestimmungshilfe sein können (siehe unten).

Das Bienen-Tagebuch

Es ist ein schönes Familien-Naturprojekt, zusammen mit Kindern ein Beobachtungstagebuch zu führen: Wie oft fliegt das Tier in einer bestimmten Zeitspanne ein und aus? An welchen Blüten lassen sich welche Bienen beobachten?

Blüten-Wettbewerb

Experimentierfreudige Gartenbesitzer können den Blütentest machen: Dicht nebeneinander liegende, gleich große Areale werden mit zwei verschiedenen Staudenarten bepflanzt, die ähnliche Standortansprüche haben und zur gleichen Zeit blühen (siehe auch Tabelle Stauden, Seite 70). Dann kann man vergleichen: Wer hat mehr Besucher – der Lavendel oder der Ysop? Wie viele verschiedene Arten sind zu beobachten?

Das Fotografieren solitärer Bienen außerhalb des Nestes ist nicht einfach. Gerade beim Blütenbesuch sind die Tiere ausgesprochen rastlos. Hier ist es manchmal einfacher, an einer gut besuchten Pflanze eine noch unbesuchte Blüte ins Visier zu nehmen und scharf zu stellen, um dann – am besten mit Hilfe der Serienfunktion – auszulösen, wenn die Biene anfliegt. Hierbei ist ein Stativ mit Fernauslöser hilfreich.

Besser lassen sich die Tiere an den Nisthilfen fotografieren, da sie dort auf jeden Fall regelmäßig auftauchen. Die aufgebaute Kamera wird sie vielleicht kurz irritieren, aber nicht dauerhaft vertreiben, so dass man sie hier gut beim Bau beobachten kann. Die Tiere verschwinden zunächst zügig im Nistgang, aber schon nach kurzer Zeit, wenn sie die Zelle inspiziert oder daran gearbeitet haben, schieben sie sich wieder rückwärts heraus. Dann erfolgt bei den Bauchsammlern noch ein Wendemanöver, bei dem sich die Bienenmutter mit dem Hinterleib voran in den Nistgang schiebt und dort den Pollen ablädt. Dabei ist sie gut von vorn zu sehen und zu fotografieren, was für die Artbestimmung sehr hilfreich ist.

Welche Biene ist das?

Das Bestimmen von solitären Bienen und Wespen ist oft nicht einfach. Zwar gibt es einige markante und häufige Arten – beispielsweise die metallisch glänzende, farbenprächtige Gemeine Goldwespe (*Chrysis ignita,* Seite 148) –, die an den meisten Nisthilfen zu beobachten sind. Doch viele andere Arten ähneln einander sehr, so dass man sie nur mit sehr viel Erfahrung auseinanderhalten kann. Wissenschaftler legen daher umfangreiche Referenzsammlungen von gefangenen und präparierten Tieren an. Da jedoch alle Bienen besonders geschützt sind, braucht man für eine solche Sammlung eine Ausnahmegenehmigung. Daher beschränkt sich der Artenteil in diesem Buch auf Arten, die sich anhand von Aussehen, Fundort und Saisonzeitraum relativ leicht erkennen lassen.

Eine wertvolle Hilfe bei der Bestimmung sind die Nestverschlüsse der Arten, die in Totholz, Bambus oder Reet nisten. Mit etwas Übung lassen sich manche Arten an diesen Verschlüssen erkennen oder zumindest auf ein enges Spektrum möglicher Arten eingrenzen. An Nisthilfen ist die Vielfalt dieser Nestverschlüsse gut zu beobachten – da gibt es grüne, braune oder gelbe Verschlüsse, manche sind nur ein seidiges Häutchen, andere ein dick mit Steinchen bepacktes Verschlusssiegel. Einige Beispiele finden Sie in der Tabelle auf Seite 192.

Eine Rote Mauerbiene späht aus ihrem Nesteingang.

Achtung, streng geschützt!

Manche Bienenarten kommen bis in unsere Innenstädte, andere sind auf sehr spezielle Lebensräume angewiesen, wie Hochmoore, Trockenrasen oder naturbelassene Flussufer mit Steilhängen. Es überrascht nicht, dass mit dem zunehmenden Verlust einer abwechslungsreich gegliederten Landschaft heute zahlreiche solitäre Bienen und Wespen auf der „Roten Listen der bedrohten Tiere" stehen.

Alle wildlebenden Tiere sind nach dem Bundesnaturschutzgesetz vom 29. Juli 2009 (BGBl. I S. 2542) geschützt. Um sie zu verfolgen, braucht es einen „vernünftigen Grund". Bienen, Hummeln, Hornissen und einige Wespen sind zusätzlich nach der Bundesartenschutzverordnung vom 16. Februar 2005 (BGBl. I S. 258, ber. 896) „besonders geschützt". Hier entscheidet die Naturschutzbehörde auf Antrag darüber, ob ein ausreichender „vernünftiger Grund" vorliegt, um diesen Tieren nachzustellen. Selbst das kurzzeitige Einfangen der Tiere in Lebendfallen ist verboten.

Einladung zum Nestbau: Nisthilfen für Wildbienen

Wenn die Lebensbedingungen in der Umgebung „stimmen", dann sind artgerechte Nisthilfen eine echte Bereicherung für alle: Für den Menschen, weil er die interessanten Tiere beobachten kann und von ihrer Leistung als Blütenbestäuber oder Insektenfänger profitiert – für die Wildbienen, Solitärwespen und Hummeln, weil passende Nistplätze oft Mangelware sind.

Vielfältige Möglichkeiten

So legt die Blaue Holzbiene (*Xylocopa violacea,* Seite 137) ihre Brutgänge be-

Wenn das nicht einladend ist: verschiedene Arten von Nisthilfen in einem naturbelassenen Garten.

vorzugt in gut besonnten Totholzstämmen an, die in unserer Landschaft selten geworden sind. Totholzhaufen sind nicht nur Niststätten für solitäre Bienen, sondern bieten auch Mäusen ein Quartier, deren Nester dann wiederum gerne von Hummeln besiedelt werden. Auch recht einfache natürliche Nistmaterialien wie Lehm sind gar nicht so leicht zu finden, seit moderne Baumaterialien wie Beton und Stahl den klassischen Lehmbau verdrängt haben und feuchte Lehmkuhlen im Allgemeinen so schnell wie möglich zugeschüttet werden. Viele Wildbienen und Solitärwespen brauchen weitgehend unbewachsenen, offenen Boden, der nicht gemulcht, umgegraben, bewässert oder neu bepflanzt wird. Andere Arten sind auf Mauerritzen und Steinfugen angewiesen – mit glatt verputzten Mauern können sie nichts anfangen.

Der Ersatz von Menschenhand wird daher gern angenommen. Vom einfachen Holzbrett mit Bohrlöchern bis zur aufwendigen Beobachtungsstation bietet sich ein breites Spektrum von Möglichkeiten.

Jedem das Seine

Gangnisthilfen können aus Holz, Pflanzenstängeln, Stein oder Lehm gefertigt werden. Ideal ist immer, Nisthilfen aus verschiedenen Materialien und vor allem mit verschiedenen Gangdurchmessern anzubieten. Es gibt aber nur wenige Erkenntnisse darüber, welche Materialien von welchen Arten bevorzugt werden. Tatsächlich scheint es sogar eine gewisse

Prägung zu geben; so wurde beobachtet, dass Tiere, die in Tonnisthilfen herangezogen wurden, diese später beim eigenen Nestbau auch wieder bevorzugten.

Sicherlich gibt es jedoch auch artspezifische Unterschiede, denn Lehm und Stein wärmen sich beispielsweise anders auf als Holz; dieses wiederum enthält oft Harze und andere Stoffe, die von bestimmten Bienen gesucht werden. Manche weit verbreiteten Arten, wie die Rote Mauerbiene (*Osmia bicornis*), nehmen Gangnisthilfen aus allen Materialien an, andere haben spezielle Vorlieben. Pflanzenstängel und Holzbohrungen können dabei weitgehend gleichgesetzt werden. Lehmgänge hingegen werden vor allem von Arten besiedelt, die darin gerne noch etwas rumnagen (zum Beispiel die Pelzbiene *Anthophora plumipes,* Seite 134) und dafür in festen Tongängen nicht zu finden sind.

Holz-Nisthilfen sind kinderleicht mit dem Bohrer herzustellen.

Bauanleitungen: Nisthilfen für solitäre Bienen und Wespen

Diese zwei Gruppen lassen sich wirklich kinderleicht in den Garten locken. Sie brauchen für die Nisthilfen weder teures Material noch einen großen Aufwand.

Aus Holz

Hölzerne Nisthilfen mit vorgefertigten Bohrungen sind einfach und preiswert herzustellen. Sie finden selbst Platz auf dem kleinsten Balkon und werden von vielen Arten, wie Masken-, Mauer- und Blattschneiderbienen, gern angenommen. Dazu kommen zahlreiche solitäre Wespen, vor allem Lehmwes-

pen und parasitische Wespen wie die Goldwespen.

Für Nisthilfen aus Holz braucht man kein teures Bauholz. Vierkanthölzer aus der „Restekiste" tun es ebenso, sofern sie unbehandelt (also ohne Lasur oder Lackanstrich), nicht aus Pressspan hergestellt und auch nicht kesseldruckimprägniert sind. Letzteres erkennt man in der Regel an einer leicht grünlichen Färbung der Holzmaserung. Ebenfalls geeignet und zudem optisch ansprechend sind Baumscheiben oder Astabschnitte, am besten von Obstbaumhölzern wie Kirsche oder Birne. Weniger sinnvoll sind Nadelhölzer wie Kiefer oder Tanne, da sich dort nach dem Bohren die Holzfasern im Bohrloch aufrichten. Wählen Sie stattdessen lieber Robinie, Buche oder Esche. Auch Ahorn oder Eichenholz wird gerne angenommen, ist aber sehr hart und deshalb nur schwer zu bearbeiten.

Für jedes Holz gilt, dass es gut abgelagert sein sollte, da frisches Holz beim Trocknen reißt. Die dabei entstehenden Risse können die Nistgänge seitlich öffnen und für den Bezug durch Wildbienen untauglich machen. Zudem haben Parasiten so einen besseren Zugang zu den Brutzellen.

Die verwendeten Scheiben, Stämme oder Abschnitte sollten mindestens 15 cm dick sein. In das Holz werden mit dem Bohrer etwa 5 bis 12 cm tiefe Bohrungen gesetzt. Ideal für diese Arbeiten ist eine Stand- oder Tischbohrmaschine mit scharfen Holzbohrern. Es ist wichtig ist, dass die Bohrungen keinesfalls den Block durchstoßen – jeder Gang muss ein „totes Ende" mit etwa 2 bis 5 cm verbleibender Holzstärke aufweisen. Laufgänge mit kleinerem Durchmesser werden dabei weniger tief gebohrt als solche mit großem. Faustregel: etwa 10-mal so lang wie breit bohren, eine Bohrung mit 9 mm Durchmesser wird also etwa 9 cm lang. Die Bohrungen können ruhig ziemlich nahe beieinander liegen, sie dürfen sich aber nicht kreuzen oder berühren. Mit einem Abstand von etwa 2 cm sind Sie auf der sicheren Seite.

Die Bohrlöcher sollten verschiedene Durchmesser von 2 bis 10 mm aufweisen, mit Schwerpunkt bei 3 bis 6 mm – dieser Durchmesser ist besonders vielen solitären Bienen- und Wespenarten angenehm. So eignet sich ein Durchmesser von 3,5 mm speziell für Arten wie Hahnenfuß-Scherenbiene (*Chelostoma florisomne*, Seite 133), Glockenblumen-Scherenbiene (*Chelostoma rapunculi*) und Gewöhnliche Löcherbiene (*Osmia truncorum*). Größere Durchmesser um 8 mm sind passend für die Gehörnte Mauerbiene (*Osmia cornuta*, Seite 130). Man kann die Lochdurchmesser durchaus mischen und muss sie nicht etwa ordentlich in Reih und Glied nebeneinander setzen.

Nisthilfen aus Baumscheiben

Baumscheiben werden oft aus ästhetischen Gründen an der Schnittseite angebohrt, besser ist jedoch die Bohrung quer zur Holzmaserung, da auf diese Weise die Rissbildung vermieden wird. Nach dem Bohren sollte die Oberfläche noch geglättet werden, um die Locheingänge von hinderlichen quer stehenden Fasern zu befreien.

Je mehr verschiedene Durchmesser angeboten werden, desto größer ist die mögliche Artenvielfalt.

Die Locheingänge werden sorgfältig mit Schleifpapier oder Rundfeile entgratet. Anschließend wird die Nisthilfe umgedreht und ein paar Mal aufgestoßen, um den Holzstaub aus den Löchern zu entfernen. An den Holzklotz oder die Baumscheibe kann dann ein fester Draht oder ein Seil seitlich angetackert oder durch Löcher gezogen werden, mit dem man die Nisthilfe dann an einem geschützten, sonnigen Platz an einer Wand befestigt.

Aus hohlen Pflanzenstängeln

Einfach und doch wirkungsvoll sind auch Nisthilfen aus Pflanzenstängeln, die von zahlreichen Mauerbienenarten, Lehmwespen und mit etwas Glück und passender Gartenbepflanzung auch von Blattschneiderbienen gerne angenommen werden. Sie lassen sich besonders gut mit Kindern basteln, da sie sich recht schnell herstellen lassen und nur wenig Werkzeug gebraucht wird. Es bedarf dazu nur hohler Pflanzenstängel von Gräsern wie Reet, Bam-

Die Halme können ganz einfach in Dosen gebündelt werden.

Bambus wird gerne angenommen und ist sehr beständig.

bus oder Schilf. Bambusstäbe kann man als Rankhilfen im Baumarkt bekommen. Dort finden sich auch Reetmatten, die gerne als Balkonsichtschutz verwendet werden.

Die Stängel sollten so geschnitten werden, dass sie an einem Ende durch einen Stängelknoten verschlossen sind, sonst werden sie von den Insekten nicht angenommen. Die Halme, die mindestens 10 cm lang sein sollten, können dann gebündelt werden. Besonders einfach geht das mit einer leeren, gesäuberten und von scharfen Kanten befreiten Konservendose. Die Stängel werden mit der geschlossenen Seite nach unten in die Dose gesteckt, bis sie, dicht aneinander liegend, ein festes Bündel bilden. Bündig mit dem Dosenrand abgeschnitten, sind die Halme durch die Blechhülle später gut geschützt. Wer sich am glänzenden Erscheinungsbild der Dose stört, kann sie mit etwas Farbe schöner gestalten. Wichtig ist, dass die Bündel waagerecht an einer sonnigen und wettergeschützten Stelle aufgehängt werden.

Bambus als Baumaterial ist besonders wetterfest. Um ihn zu beschnei-

den, braucht man allerdings eine feine Säge. Auch hier sollten die Abschnitte mindestens 10 bis 15 cm lang und an einer Seite verschlossen sein. Der Innendurchmesser der Halme kann und soll variieren – zwischen 2 und 10 mm sind geeignet, wobei auch hier der Hauptteil um 5 mm liegen sollte. Solche festen Stängel kann man auch in Hohlblockziegelsteinen bündeln. Die Nisthilfe kann dann in einem Regal oder als Bestandteil einer Wildbienenwand angeboten werden. Ein erster Besiedler ist häufig die Gehörnte Mauerbiene (*Osmia cornuta*, Seite 130).

Reeternte

Reet oder Schilf kann man manchmal auch im Winter an zugefrorenen Gewässerrändern selbst schneiden – erkundigen Sie sich aber erst, ob die Entnahme auch erlaubt ist. Da das Material beim Zuschneiden leicht splittert, sollten Sie Ihre geernteten Stängel einfach draußen lagern, bevor Sie sie verarbeiten, oder sie am Tag vor dem Bastelspaß befeuchten.

Aus markhaltigen Stängeln
Markhaltige Stängel können sowohl als Nistort wie auch als Überwinterungsquartier dienen. Es sind einjährige, außen verholzte Triebe mit weichem Markgewebe, das von bestimmen solitären Bienen und Wespen bearbeitet werden kann. Solche Triebe lassen sich im Herbst beim Aufräumen des Gartens „ernten": abgeblühte trockene Stängel des Herzgespanns, der Nachtkerzen, des Sommerflieders, verholzte Triebe von Himbeere, Brombeere oder Holunder. Man findet diese Gehölze auch in der Strauchschicht von lockeren Laub- und Mischwäldern.

Schneiden Sie die Triebe ab und befestigen Sie sie unbedingt senkrecht (nicht liegend wie bei den Nisthilfen aus hohlen Pflanzenstängeln) an sonnigen Stellen. Um das Mark brauchen Sie sich aber nicht zu kümmern, das tragen die Tiere selbst heraus.

Ein möglicher Bewohner ist zum Beispiel die Schwarze Keulhornbiene (*Ceratina cucurbitina,* Seite 136), die in den Stängeln überwintert und im nächsten Jahr darin nistet. Maskenbienen wie *Hylaeus brevicornis* und *Hylaeus communis* nutzen gerne als „Nachmieter" bereits ausgehöhlte Stängel. Die recht große Dreizahn-Mauerbiene (*Osmia tridentata*) ist die einzige Art, die sich aktiv Zugang zum Stängelmark verschaffen kann – sie nagt dazu ein Loch in die Seitenwand; alle anderen Arten sind in der Natur auf geknickte, abgebrochene oder angeknabberte Stängel angewiesen. Um die Bewohner markhaltiger Stängel dauerhaft im Garten zu halten, ist es wichtig, die Nisthilfen jedes Jahr neu einzurichten, denn die meisten Arten wollen sich ihr Quartier selbst in das Mark nagen.

Markhaltige Stängel werden gebündelt und senkrecht aufgehängt.

Solche Ziegel-Nisthilfen gibt es fertig zu kaufen.

Strangfalzziegel eignen sich wunderbar als Hoteldach und Nisthilfe in einem.

Aus Stein oder Ton

Der Vorteil dieser Nisthilfen liegt darin, dass sie sich in der Sonne stark erwärmen und diese Wärme dann auch nachts an die die Brut abgeben.

Nisthilfen aus Stein oder, genauer gesagt, gebranntem Ton sind quasi vorkonfektioniert im Baustoffhandel zu finden. Strangfalzziegel oder „Biberschwänze" sind Dachziegel mit einer gestanzten runden oder geraden Kante an der Sichtseite, die mit einer Reihe Öffnungen versehen ist, die in längs angeordnete Hohlkammern führen. Diese Ziegel können Sie zu Stapeln aufschichten oder wildbienenfreundliche Überdachungen daraus bauen. Im Gegensatz zu Reetdächern sind diese Eindachungen sehr wartungsarm und robust.

Es empfiehlt sich, die Öffnungen an der Kante noch etwas aufzubohren, weil sie sich dort ein wenig verengen und scharfe Grate haben. So bietet sich ein guter Zugang zu den etwa 6 bis 9 mm weiten Gängen, in denen sich bald viele Nutzer einfinden werden: Die Rote Mauerbiene (*Osmia bicornis,* Seite 132), die Gehörnte Mauerbiene (*Osmia cornuta,* Seite 130), die Natterkopf-Mauerbiene (*Osmia adunca*) und diverse Blattschneider-Bienen (*Megachile*), die man an dem auffälligen Blatteintrag gut erkennen kann.

Aus Löss und Lehm

Löss, Lehm und Ton sind gerade im städtischen Bereich zunehmend Mangelware, bedingt durch Bodenversiegelung, Flussbegradigung und das Schwinden dieser Materialien im Hausbau. Viele Arten, wie die Pillenwespe (*Eumenes pedunculatus,* Seite 162), verwenden solche Baustoffe, um ihre kunstvollen Nistkugeln an Pflanzenstängeln zu errichten. Andere benötigen sie zum Verschließen oder Auskleiden ihrer Nisthöhlen.

Arten wie die Schornsteinwespe (*Odynerus spinipes,* Seite 164) knabbern Nistgänge in Lösswände. Pelzbienen (zum Beispiel *Anthophora plumipes,* Seite 134) weichen gern auf alte, unverputzte Ziegelsteinmauern aus, da der früher verwendete Mörtel im Gegensatz zu den modernen Mörteln weich und sandig ist. Auch alte Fachwerkhäuser oder lehmverputzte Scheunen werden besiedelt. In die fertigen Nistgänge ziehen in den Folgejahren dann auch gern Vertreter anderer Gattungen ein, wie Furchenbienen und Blattschneiderbienen. Viele gute Gründe also, diesen wertvollen Rohstoff zur Verfügung zu stellen.

Es genügt grundsätzlich, den Bau- und Niststoff in Blockform anzubieten. Löss oder Lösslehm sind am besten geeignet – dieses Material bekommen Sie am besten an den entsprechenden Stellen in der Natur oder im Natur-Baustoffhandel (siehe Anhang). Reiner Ton aus dem Bastelgeschäft wird zu hart und muss in feuchtem Zustand mit sehr feinem Sand (z. B. Verlegesand aus dem Baumarkt) vermischt werden. Die richtige Mischung muss man ausprobieren, da die Materialien sich sehr individuell verhalten. Das ausgehärtete Material sollte sich noch mit den Fingern abbröseln lassen.

Dann befüllt man einfach Hohlbetonsteine oder Blumenkästen (ideal sind Tonkästen) mit dem Material – man kann es mit dicken Ästen hineinstampfen – und lässt es aushärten. Während des Aushärtens kann man mit Stäben (Buntstiften, langen Nägeln, Ästen) Löcher von 5 bis 8 mm Durchmesser und 5 cm Tiefe in den Lösslehm bohren. Diese Bohrungen wirken sehr attraktiv auf die nistbereiten Weibchen. Der Abstand zwischen den Bohrungen sollte recht groß sein (etwa 10 cm), da viele lehmbewohnende Arten Seitenzellen in das Material nagen.

Man kann den Lehm aber auch nutzen, um andere Nistmaterialien, beispielsweise Nisthölzer, miteinander zu verbinden. Solches Fugenmaterial kann dann von Lehmwespen zum Nestbau verwendet werden.

Schau-Nisthilfen

Die filigrane Struktur der Nester von solitären Bienen und Wespen (Fotos Seite 15) bleibt dem Beobachter meist verborgen. Nur gelegentlich entdeckt man sie zufällig, etwa beim Abschneiden trockener Pflanzenstängel oder beim Fensterputzen im Rahmen.

Um dem Abhilfe zu schaffen, werden im Handel Nisthilfen mit abnehmbarer Front angeboten. Der Kasten ist innen hohl, und in den Bohrungen der Frontplatte stecken Röhrchen aus Glas oder Plexiglas, die am Ende mit etwas Watte verschlossen sind. Der Kasten muss nur geöffnet werden, und schon kann man die Brut in den Röhrchen bequem beobachten.

Ein Nachteil dieser Nisthilfen ist allerdings die mangelnde Durchlüftung der Röhren, wodurch es häufig zur Entwicklung von Schimmelpilzen kommt, die die Brut vernichten. Eine bessere Lösung ist es, wenn nur ein Teil der Nistgänge verglast ist. Dadurch kann Wasser entweichen und die Tiere können den Nistgang ihrer Natur entsprechend besser vorberei-

*Eine Schornsteinwespe baut ihr namens-
gebendes Nest an einer Lösswand.*

*Lehm wird feucht in Kästen gestampft. Hinein-
gesteckte Reethalme ergänzen das Angebot.*

ten. Eine solche Nisthilfe lässt sich mit etwas Geschick gut im Eigenbau herstellen: Die oben offenen Nist-gänge verschiedenen Durchmessers werden in die Oberfläche von Bret-tern gefräst und dann Glas- oder Acrylglasplatten aufgeschraubt oder aufgeklebt.

Als Holz eignet sich unbehandeltes Leimholz aus Buche. Da dieses Mate-rial jedoch nicht wasserfest ist und sich leicht verzieht, muss die Konstruk-tion als Regenschutz in einem passen-den Einschubkasten aus wasserfestem Material untergebracht werden. Geeig-net sind etwa Siebdruck- oder Multi-plex-Platten, die sich oft als preiswerte Reststücke erwerben lassen. Zudem sorgt der Kasten für die notwendige Verdunkelung.

Die parallelen, blind endenden ge-frästen Gänge werden bis zur Schnitt-kante des Leimholzes geführt, die später die Frontseite der Nisthilfe bildet. Jeder Gang sollte etwa 10-mal so lang wie breit sein, eine Fräsung mit 9 mm Durch-messer wird also etwa 9 cm lang. Wäh-len Sie verschiedene Durchmesser, wenn

*Käufliche Schau-Nisthilfe mit Acrylglas-
röhrchen.*

Sie mehrere Arten als Bewohner anlo-cken wollen.

Auf die Frontseite wird anschlie-ßend ein schmales Brett geschraubt, das den Einschubkasten später licht-dicht abschließt. Diese Frontplatte wird mit dem Bohrer mit Löchern von passendem Durchmesser versehen, die mit den eingefrästen Nuten abschlie-ßen. Zuletzt schraubt man eine Plexi-glasscheibe auf die Leimholzplatte auf, so dass die Nuten vollständig ver-schlossen sind, sich aber durch die Scheibe einsehen lassen.

Schau-Nisthilfe im Eigenbau

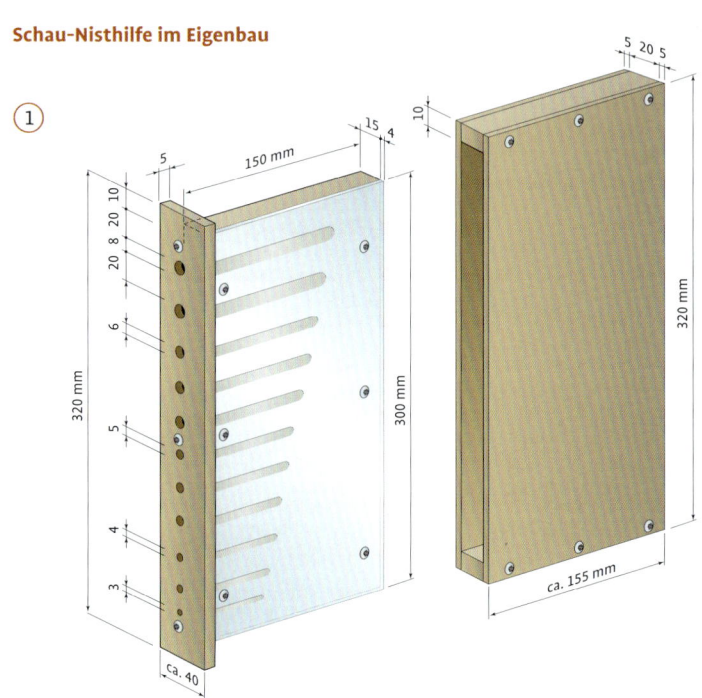

Baumaterial

Mittelplatte: Buchen-Leimholz 15 × 30 cm, 15 mm stark
„Fenster":   Plexiglas 15 × 30 cm, 4 mm stark
Frontplatte: Multiplex 4 × 32 cm, 5 mm stark
Kasten: 2 × Multiplex 15,5 × 32 cm, 5 mm stark für die Seitenplatten
                 2 × Multiplex 2 × 15,5 cm, 10 mm stark für oben und unten
                 1 × Multiplex 2 × 30 cm, 5 mm stark für die Rückseite
ca. 28 Holzschrauben, 15 mm lang
Holzleim

Anleitung

1. Maße der Materialien in mm. 2. Nach dem Fräsen der Gänge werden die durchbohrte Frontplatte und das Acrylglas aufgeschraubt. 3. So wird der Kasten zusammengeschraubt. Vorher sollten die Teile mit Holzleim verbunden werden. 4. Schließlich wird die Nisthilfe in den Schutzkasten eingeschoben.

Der fertige Nistkasten kann jetzt aufrecht oder liegend platziert werden, so dass die Öffnungen witterungsgeschützt, aber zur Sonne ausgerichtet liegen. Wichtig ist auch, dass die Brut beim Betrachten nicht der grellen Sonne ausgesetzt wird. Man sollte den Kasten also am besten so aufstellen, dass sich die Sichtscheibe auf der Schattenseite befindet.

Bei einem dicken Leimholzbrett kann man die Nuten auch auf beiden Seiten anlegen. Auf diese Weise erhält man einen beidseitig einsehbaren Schaukasten.

Käufliche Nisthilfen

Wildbienen-Nisthilfen lassen sich einfach bauen, man kann sie aber auch fertig kaufen. Es gibt viele kommerzielle Anbieter, sie sind oft auch auf Basaren oder in Behindertenwerkstätten erhältlich. Besonders aufwendig gestaltet, sind sie schöne Geschenke für Naturliebhaber.

Beim Kauf sollte man jedoch generell darauf achten, dass die Nisthilfen unbehandelt sind, also keine Lacke, Lasuren oder andere Anstriche aufweisen. Prüfen Sie kritisch die Holzqualität – Nisthilfen aus Nadelhölzern (erkennbar an den dunklen Harzkanälen) sind weniger haltbar als solche aus hochwertigen Laubhölzern. Ideal sind Ausführungen mit unterschiedlichen Lochdurchmessern, sie bieten einer größeren Artenvielfalt Raum. Achten Sie darauf, dass keine größeren Trocknungsrisse den Holzblock durchziehen. Die Nisthilfe sollte über sichere Montagemöglichkeiten verfügen, denn pendelnde Nisthilfen sind für die Tiere wenig attraktiv.

Nisthilfen richtig platzieren

Wildbienen-Nisthilfen finden auf dem kleinsten Balkon Platz, man kann sie sogar neben einem Fenster anbringen. Wichtig ist nur, dass in der Umgebung geeignete Futterpflanzen zur Verfügung stehen. Im Garten oder im Blumenkasten können Sie diese ganz gezielt anbieten (siehe Garten-Kapitel ab Seite 64).

Der Platz für die Nisthilfe sollte so sonnig wie möglich sein, denn das schätzen diese wärmeliebenden Insekten ganz besonders. Ebenso wichtig ist ein gewisser Witterungsschutz. Ideal sind daher Plätze an der Südwand des Hauses oder des Balkons, wo ein Dachüberstand das Durchnässen der Nisthilfe verhindert.

Man kann die Nisthilfe das ganze Jahr hindurch aufstellen, am besten aber im zeitigen Frühjahr (Februar/März). Bald werden dann die ersten Tiere die Nisthilfe neugierig inspizieren, Männchen werden in der Hoffnung auf anfliegende Weibchen davor patrouillieren, und auch die ersten Parasiten wie Goldfliegen und winzige Taufliegen prüfen die Nistgänge.

Diese regelrechte Explosion der Artenvielfalt ist jedoch nicht von Dauer. Es ist ganz natürlich, dass manche Arten sich stärker durchsetzen, während andere verschwinden. Manchmal kann ein Artenschwund aber darauf hinweisen, dass der Standort der Nisthilfe nicht optimal gewählt ist. Man sollte den Platz daher auf mögliche Störfaktoren prüfen. Tritt vielleicht im Frühsommer eine unerwünschte Beschattung auf? Oder ist der Rasensprenger so platziert, dass er die Nisthilfe durchnässt? Sprüht der Nachbar Insektenvernichtungsmittel, die herübergeweht werden? Erst wenn sich solche Probleme ausschließen lassen, sollten Sie als letzte Möglichkeit einen Standortwechsel in Betracht ziehen.

Schutz und Pflege

Nisthilfen für solitäre Bienen und Wespen brauchen keine Pflege. Ein „Frühlingsputz" ist weder notwendig noch sinnvoll, denn die Nistplätze werden in der Regel rund ums Jahr genutzt – man würde also eher Schaden anrichten. Ein wachsames Auge übers Jahr kann aber nicht schaden. Für viele Wildbienenfreunde ist der Verlust von Brut durch räubernde Vögel wie Meisen oder Spechte ein Problem. Hier kann ein Schutz aus Kaninchendraht Abhilfe schaffen, der die Räuber auf Abstand hält.

Grundsätzlich sollte man bei der Anlage von Wildbienen-Nisthilfen etwas „Unordnung" im Garten akzeptieren – schon ein paar höher wachsende,

Wohnanlage für alle Bedürfnisse

Die verschiedenen Arten von Nisthilfen aus Holz, Reet, Bambus, Stein, Lehm oder Ton können Sie auch in einer speziellen freistehenden „Wildbienenwand" zusammenstellen, die mit einem eigenen Dach vor Regen geschützt wird. Auf diese Weise werden die verschiedensten Wildbienen und Solitärwespen angelockt, und Sie können sich auf eine besonders reiche Artenvielfalt freuen.

Ein schönes Hotel für viele unterschiedliche Bewohner.

Trocken und geschützt hängt diese gute Nisthilfen-Auswahl an einer Hauswand.

Ein echter Spaß und kinderleicht: Aus Bohrlöchern werden Wildbienen-Wohnungen.

locker stehende Blumen schaffen genug Deckung für die Bienen und Wespen, um besser vor Parasiten und Fressfeinden geschützt zu sein. Zudem sind solitäre Wespen manchmal mit dicken Raupen schwer beladen, so dass sie jede Art von Aufstiegshilfe gut brauchen können, um die Beute in das richtige Loch zu schaffen.

Für alle Bienen und Wespen wertvoll ist eine Tränke. Ideal ist der Gartenteich, aber schon eine Vogeltränke oder ein offenes Regenwasserfass sind gern genutzte Angebote. Wichtig ist eine Schwimmhilfe. Am besten geeignet sind alte Korken, da sie im Gegensatz zu Holz sehr lange oben schwimmen.

Wilde Siedler

Zum Wildbienenschutz gehört es, die Tiere auch außerhalb der vorgesehenen Nistbereiche zu tolerieren, denn sie besiedeln gern auch Schraubenlöcher, Regalbohrungen oder Belüftungslöcher in Kunststofffensterrahmen. Dort verursachen sie keine Schäden. Allerdings können die Lehmwände ihrer Nestbauten Belüftungs- oder Wasserablauflöcher blockieren, so dass sie von wichtigen Öffnungen am besten mit einem kleinen Stück Insektenschutzgaze fernhält.

Nisthilfen für Hummeln

Hummeln zieht es für das Brutgeschäft zu weich gepolsterten Hohlräumen. In der Natur sind das Senken und Löcher, die sich mit Blättern oder den weichen Flusen der Pappeln füllen – oder die wohlig warm gepolsterten Höhlen von Mäusen. Wer einen naturgerechten Garten besitzt, wird diese nagenden Gartenbewohner automatisch anlocken und braucht sich um Hummelnistplätze nicht zu sorgen. Durch das gezielte Einfügen von Hohlräumen beim Bau von Trockenmauern oder Kräuterspiralen (Seite 89) können Sie die natürliche Ansiedlung von Hummeln aber tatkräftig unterstützen.

Eine weitere Möglichkeit sind spezielle Hummel-Nisthilfen, die Sie im Handel als „Hummelburgen" aus Ton, Holz oder Holzbeton, auf Basaren und in Behindertenwerkstätten kaufen können. Achten Sie dabei auf ausreichende Größe und ein natürliches, witterungsfestes Material. Plastikkisten sollten Sie lieber stehen lassen, ebenso Kästen, die weniger als 30 × 30 cm Grundfläche und 20 cm Höhe aufweisen.

Eine Hummel-Nisthilfe lässt sich aber auch einfach selber bauen. Im Prinzip reicht dazu eine wetterfeste, mit einem Deckel dicht verschließbare Holzkiste von ungefähr 40 × 40 × 40 cm Größe. In diese kommt ein großer Karton für die Kleintierstreu (siehe Zeichnungen). Da hinein kann man einen unten offenen Sperrholz- oder Pappkasten (20 × 20 × 20 cm) stellen, der mit Polstermaterial gefüllt und nach dem Ausflug der ersten Arbeiterinnen wieder entfernt (einfach nach oben herausgezogen) wird. Manche Hummelarten nehmen nämlich zunächst lieber kleinräumige Kästen an, benötigen später aber mehr Platz für ihr wachsendes Hummel-Volk.

Einrichten

Die gekaufte Hummelburg wird locker mit dem mitgelieferten oder dem unten genannten Polstermaterial gefüllt. Im Eingangsbereich formt man mit der Faust einen kleinen Hohlraum.

Der selbst gebaute Kasten wird etwa zur Hälfte mit Kleintierstreu gefüllt. Falls Sie den oben genannten Innenkasten verwenden, wird dieser vorher hineingestellt. Dann drückt man in die Mitte eine Kuhle und kleidet diese oder den Innenkasten mit fein verzupftem, weichem Material aus. Geeignet sind zum Beispiel insektizidfreie Polsterwolle (Reste gibt es beim Polsterer), Kapok, feines Heu, trockenes Moos oder ausgediente Vogelnester aus Nist-

Eine formschöne Hummelburg aus gebranntem Ton aus dem Handel.

Bau einer Hummelnisthilfe

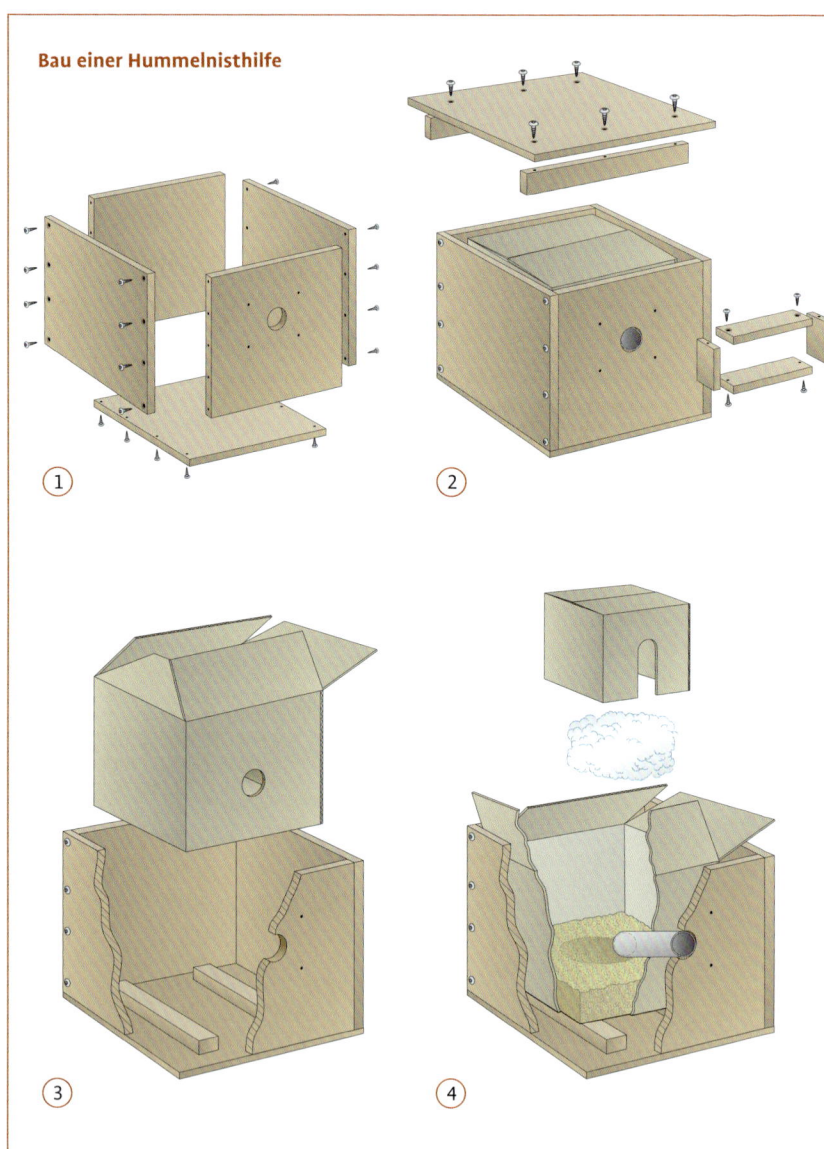

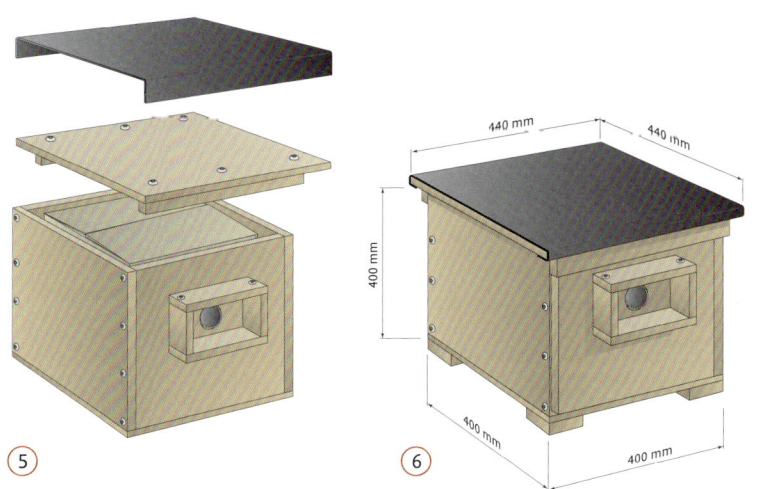

Baumaterial

Für den äußeren Kasten werden Bretter z. B. aus unbehandeltem Nadelholz,
2 cm stark, verwendet.

Dach: 44 × 44 cm, Leisten zur Arretierung: 2 à 3 × 36 cm

Seitenplatten: 2 à 40 × 40 cm (Seitenwände), 2 à 36 × 40 cm (Rück- und Vorderwand)

Boden: 40 × 40 cm

Leisten auf Boden: 2 à 3 × 30 cm

Füße: 4 à 4 × 4 cm

Eingangsrahmen: 2 à 10 cm, 2 à 5 cm

Papprohr Durchmesser 2–3 cm als Eingang, 15–20 cm lang

Dachpappe für das Dach, ca. 44 × 52 cm

2 stabile Pappkartons, 1 à ca. 35 × 35 × 35 cm, 1 à ca. 20 × 20 × 20 cm

Ggf. umweltverträglicher, wetterfester Lack für die Außenseite

ca. 60 Holzschrauben, 30 mm lang

Dachpappen-Nägel

Anleitung

*1. Der äußere Kasten wird zusammengeschraubt. Das Eingangsloch (2–3 cm Durchmesser)
wurde mit Bohrern und Feile zuvor gefertigt. 2. Bau von Dach und Eingangsrahmen.
3. 2 Leisten halten den großen Innenkarton trocken und luftig. 4. Das Rohr wird nach innen
abfallend eingeklebt. Kleintierstreu wird in den großen Karton, Polstermaterial in den kleinen
Karton gegeben. 5. Als Regenschutz dient umgeschlagene Dachpappe. 6. Der fertige Kasten
erhält noch Füße, damit der Boden trocken bleibt.*

So sieht ein gut eingerichteter Hummel-Nistkasten aus.

Noch günstiger für die Ansiedlung ist es, wenn man den Hummelnistkasten zur Hälfte in den Boden eingräbt, so dass das Flugloch auf Höhe der Bodenoberfläche liegt – aber so, dass auch bei starkem Gewitterregen kein Wasser in den Kasten läuft. Zwar nisten sich dann auch gelegentlich Mäuse darin ein, doch das ist nur ein Hinweis darauf, dass der Kasten auch für Hummeln bestens geeignet ist.

Hummeln im Meisenkasten

Einige Hummelarten, wie die Baumhummel (*Bombus hypnorum,* Seite 146) und die Wiesenhummel (*Bombus pratorum,* Seite 145), nisten gern in Mineralwolldämmungen, nehmen aber auch die verlassenen Nester von Kohl- und Blaumeisen an. Vogelfreunde empfehlen allerdings die Reinigung der Nistkästen im September, um Milben und Zecken zu entfernen. Wenn Sie bei dieser Gelegenheit den ausgespülten und getrockneten Kasten mit etwas feinem, trockenem Moos oder Heu ausstatten, werden sowohl die Vögel als auch Hummeln und andere Wintergäste es Ihnen danken.

kästen. Auch die Samenflusen der Pappeln, die sich Anfang Juni bilden, kann man verwenden. Ungeeignet sind hingegen Aquarium-Filterwatte, reine Baumwoll- oder Viskosewatte (sie fallen bei Feuchtigkeit zusammen) oder Mineralwolle.

Ein Flugloch auf der Frontseite bildet den Zugang. Für manche Arten, wie Erd- und Steinhummeln, ist es günstig, zusätzlich einen Laufgang anzubringen, der nach innen leicht abfällt. Das kann eine einfache Pappröhre von 2–3 cm Durchmesser und 15–20 cam Länge sein, die vom Flugloch bis zur gepolsterten Kuhle führt. Der Nistkasten sollte ab Anfang März bereitstehen, und zwar an einem gut strukturierten halbschattigen Platz (z. B. unter sommergrünen Sträuchern) direkt auf dem Boden. Keinesfalls darf der Kasten der prallen Mittagssonne ausgesetzt sein.

Wenn Blumentöpfe zur Falle werden

Entgegen landläufiger Meinung sollte man keine Blumentöpfe oder andere Hummel-Nisthilfen in den Boden eingraben. Das Risiko, dass diese Hohlräume bei Starkregen mit Wasser volllaufen und die eventuell darin nistenden Hummeln ertrinken, ist recht groß. In Mauern oder anderen überirdischen Bauten kann das Wasser dagegen besser ablaufen oder versickern.

Hummelwohnung frei!

Wer die Besiedlung seines Hummelnistkastens ganz dem Zufall überlässt, muss eventuell viel Geduld mitbringen. Zwar könnte man im Prinzip eine Hummelkönigin fangen und in den Nistkasten einsetzen, aber dafür bräuchte es eine Ausnahmegenehmigung der Oberen Naturschutzbehörde.

Einfacher ist ein Trick: Den Hummeln wird vorgegaukelt, dass der Kasten von Mäusen bewohnt war. Als „Mäuseduftträger" verwendet man das Füllmaterial aus einem alten Mäusenest oder aus einer Zoohandlung. Manche Hummelfreunde schwören auch auf altes Hummelnistmaterial (Wabenreste, gebrauchte Polsterung) aus dem Vorjahr, das zuvor im Tiefkühler für einige Wochen durchgefroren und dadurch von eventuellen Schädlingen befreit wird.

Auf alle Fälle sollte man nicht der Versuchung erliegen, sich wie die niederländischen Gewächshaustomaten-Züchter ganze Hummelvölker liefern zu lassen. Zwar werden inzwischen Erdhummeln und ähnliche Arten weltweit gezüchtet, damit die Tiere rund ums Jahr Bestäubungsarbeit leisten können, doch diese Zucht ist nicht unumstritten. Hummeln sind Wildtiere, und es sollte unser Anliegen sein, die heimischen Arten zu unterstützen.

Unerwünschte Untermieter

Gegenüber natürlichen Brutstätten haben alle künstlichen Nisthilfen den Nachteil, dass sie häufiger von der Wachsmotte (*Galleria mellonella*) befallen werden. Diese findet Hummelnester nachts offenbar mithilfe ihres Geruchs und legt dort ihre Eier ab. Die

> ### Hände weg von Hummelnestern!
>
> Der beste Hummelschutz besteht darin, natürliche Ansiedlungen von Hummeln – ob in Vogelkästen, im Kompost oder unter dem Dach – zu tolerieren. Hummeln verursachen keine Bauschäden, sie können allerdings gerade im Dachbereich ziemlich viel Lärm machen. Ein Trost: Gerade die Arten, die unter Dächern und in Vogelkästen nisten, sind meist schon Ende Juli abgestorben.

Larven schlüpfen und fressen sich durch das Hummelnest, wobei sie Brut und Wachs verzehren, bis sie sich zum Verpuppen in eine Ecke des Kastens zurückziehen. Die Wachsmotten können ein Hummelnest innerhalb weniger Wochen vernichten.

Findige Hummelfreunde haben daher als Wachsmottenschutz leichte Sperrklappen entwickelt, mit denen sie am Abend, wenn der Flugverkehr zum Erliegen kommt, die Kastenöffnung verschließen. Am Morgen können die Hummeln sie dann von innen aufdrücken. Auch lange, gewundene Laufgänge (Gummischlauch) haben sich als wirksame Abwehr erwiesen.

Die Larven der Wachsmotte können ganze Hummelnester zerstören.

Verlockende Gärten
für Biene & Co.

Gärten gestalten für Mensch und Tier

Gärten und Balkone sind für die meisten Menschen wichtig als ganz privater Erholungsraum unter freiem Himmel, Spielplatz für Kinder oder Betätigungsfeld für Hobbygärtner. Doch Gärten haben noch eine zweite Seite: Sie sind wertvolle Lebensräume für eine Vielzahl von Tieren – nicht zuletzt Wildbienen, Hummeln und Wespen als Botschafter einer Wildnis im Kleinen. Wer einmal seine Augen für diese faszinierende Welt und ihre Bedürfnisse geöffnet hat, wird nicht nur den Bienen, Hummeln und Wespen einen wertvollen Lebensraum schaffen, sondern belohnt sich auch selbst durch eine naturnahe, erholsame Oase, die viele spannende Beobachtungen und Erlebnisse bereithält.

Rasen, Rosen, Rhododendren?

Viele lassen sich bei der Anlage ihres Gartens in erster Linie vom eigenen Geschmack leiten, der nicht zuletzt von der aktuellen „Gartenmode" bestimmt wird. Gepflanzt wird, was gefällt und schön bunt blüht. Im Blick auf die wildlebenden Mitbewohner im Garten bietet die Standardausstattung im Stil von Rasen, Rosen, Rhododen-

Beides ist möglich: Freude für Wildbiene und Mensch mit der geeigneten Pflanzenauswahl.

Wählerische Gäste

Hoch spezialisierte Wildbienen sind beispielsweise die Schenkelbienen (*Macropis*). Sie finden sich nur in Gärten ein, in denen der Gilbweiderich (*Lysimachia vulgaris*) wächst, denn ausschließlich an dieser Pflanze sammeln sie die Pflanzenöle, die sie für die Auskleidung ihrer Brutzellen brauchen. Wollbienen (*Anthidium manicatum*, Seite 123) lassen sich durch das Pflanzen von Ziest-Arten (*Stachys*), Salbei (*Salvia*) oder Herzgespann (*Leonurus cardiaca*) in den Garten locken, da sie dort die Pflanzenhaare sammeln, die sie zum Nestbau benötigten. Zahlreiche weitere Hinweise auf solche Spezialisierungen finden Sie im Artenteil ab Seite 110.

Eine Wollbiene an einer Ziestblüte.

dren aber nur den robusten Alleskönnern und Allesfressern ein Auskommen – unter den Wildbienen sind dies zum Beispiel Erdhummeln oder Mauerbienen wie die Rote Mauerbiene (*Osmia bicornis, Seite* 132).

Die meisten Wildbienen und Hummeln teilen bei ihren Pflanzenvorlieben aber nicht den Geschmack des Menschen. Sie bevorzugen ganz eindeutig bestimmte Blütenarten. Manchmal kann die Anwesenheit bestimmter Pflanzen, wie beispielsweise Glockenblumen, Hahnenfuß oder Zaunrübe, allein schon darüber entscheiden, ob sich bestimmte Wildbienenarten im Garten ansiedeln können. Rund 30

Prozent der hierzulande nistenden Wildbienen sammeln den Pollen für ihre Nestanlagen nur an ganz bestimmten oder an wenigen nah verwandten Pflanzenarten.

Wir Menschen sind da viel flexibler, und daher ist es nur fair, wenn wir bei der Gartenbepflanzung auch ein Auge auf die Bedürfnisse der Wildbienen haben – zumal es gar nicht schwer ist, sie mit unseren Vorstellungen von einem schönen Garten zu vereinbaren. Es gibt eine riesige Arten- und Sortenfülle von attraktiven Blütenpflanzen, die Bienen und Hummeln einen reich gedeckten Tisch bieten und obendrein oft besonders pflegeleicht und robust sind.

Drei Grundregeln zur Pflanzenauswahl

Bei der Auswahl bienenfreundlicher Gartenpflanzen lassen sich einige Regeln aufstellen, welche Gewächse empfehlenswert sind – und welche nicht!

Heikle Neubürger

Viele unserer heutigen Gartenpflanzen stammen ursprünglich nicht aus unseren Breiten, darunter allseits bekannte Klassiker wie Tulpen oder Forsythien. Manche dieser Neuzugänge haben sich als vorzügliche Honigbienenweide erwiesen, wie die Robinie (oft auch fälschlicherweise als „Akazie" bezeichnet) mit ihren üppigen weißen Blütentrauben. Andererseits aber breitet dieser Neubürger sich sehr schnell aus, verdrängt dabei einheimische Arten und fördert die Verbuschung von Freiflächen, auf die unter anderem viele Solitärbienen angewiesen sind.

Ähnlich verhält es sich mit dem schön rosa blühenden, nektarreichen Indischen Springkraut, das sich vor allem an feuchten Stellen stark ausbreitet und gerade an Flussläufen und Bächen einheimische Pflanzen verdrängt.

Regel Nummer eins lautet daher: Mit einheimischen Pflanzen sind Sie auf der sicheren Seite, denn nichtheimische Arten erweisen sich oft an irgendeiner Stelle als Störer im Naturgefüge.

Gefüllte Blüten: Frust für Bienen

Viele Wildpflanzen wurden züchterisch bearbeitet, um neue Farben, größere Blüten oder eine längere Blühzeit zu erzielen. Die Züchtungen widersprechen aber oft den Bedürfnissen der Blütenbesucher – oder dienen sogar ausdrücklich dazu, sie fernzuhalten! Ein Beispiel dafür sind die sogenannten Knospenblüher, vor allem bei der Besenheide (*Calluna*). Ihre Blüten öffnen sich nicht, so dass sie nicht von Insekten bestäubt werden können. Dadurch verlängert sich die Blühzeit und die Bildung unansehnlicher brauner Blütenstände wird verzögert. Ein Beet mit Knospenblühern bleibt also lange bunt und makellos – ist aber eine „Wüste" für blütenbesuchende Bienen.

Ein anderes Zuchtziel sind gefüllte Blüten, bei denen die inneren Blütenorgane zu Blütenblättern umgewandelt werden. Dadurch locken sie zwar immer noch Insekten an, es fehlen ihnen aber die Pollen und Nektar spendenden Blütenorgane, die den Blütenbesuch erst sinnvoll machen. An gefüllten Blumen kann man manchmal Bienen beobachten, die vergeblich in der Fülle der Blütenblätter nach Nektar oder Pollen suchen.

Ungeeignete Garten-„Evergreens"

Folgende Gartenklassiker beispielsweise sind für Wildbienen, aber auch für Vögel und andere Gartenbewohner wertlos und sollten deshalb im Garten nur zurückhaltend eingesetzt werden:

- Forsythie: Blüten werden nicht besucht
- Magnolie: Kein Nektar, kaum Pollen
- Lebensbaum (*Thuja*): geringe Nahrungsangebote, keine Blüten
- Pfeifenstrauch (*Philadelphus*): Blüten werden nicht besucht

Blüht im Sommer und gedeiht in jeder Schale: Mauerpfeffer.

Regel Nummer 2: Vermeiden Sie so weit wie möglich den Einsatz von züchterisch bearbeiteten Sorten. Am besten kaufen Sie die Pflanzen in blühendem Zustand, damit Sie sich selbst ein Bild machen können. Schon in der Gärtnerei lässt der Bienenbesuch an den Blüten erkennen, welche Pflanzen gefragt sind.

Blütenpracht mit „Sommerloch"
Bei der Zusammenstellung des Pflanzplans stehen meist Blütenfarbe und Standortansprüche im Vordergrund, selten aber der Blühzeitpunkt. Das führt dazu, dass die Gärten im Frühjahr oft farben- und formenprächtig

blühen, im Sommer jedoch in blütenarmem Grün verharren. Denn die meisten populären Gartenstauden und Gehölze blühen eher im Frühjahr, die Auswahl an Sommerblühern ist dagegen begrenzt. Dadurch entsteht das nicht nur bei Imkern gefürchtete „Sommerloch" für Bienen, aber auch für Hummeln, Schmetterlinge und andere Blütenbesucher.

Regel Nummer 3: Beachten Sie bei der Pflanzenzusammenstellung die Blühzeiten. Damit bieten Sie nicht nur den Wildbienen einen durchgehend gedeckten Tisch, sondern Sie können sich auch selbst immer an blühenden Pflanzen im Garten erfreuen.

Summende Blumenbeete

Eine fantastische Farben- und Formen-vielfalt bieten Beete aus verschiedenen Stauden – also ausdauernden Blüten-pflanzen, die Jahr für Jahr wiederkom-men, wie Gilbweiderich, Salbei oder Tränendes Herz. Ein- und zweijährige Sommerblumen wie Sonnenblumen oder Fingerhut erweitern noch das Spektrum. Übrigens haben die Begriffe „Staude" und „Einjährige" rein gar nichts mit der Größe des Gewächses zu tun: Das Veilchen im Moose ist eine Staude, die riesige, 2 m hohe Sonnen-blume wächst, blüht und vergeht in-nerhalb eines Jahres.

Eisenhut ist robust, aber sehr giftig.

Eine beispielhafte Auswahl von Arten für den wildbienengerechten Garten ist in den unten stehenden Tabellen zusammengestellt. Eine Fülle weiterer Empfehlungen finden Sie im Internet (Seite 182) oder im Angebot von Gärt-nereien, wie sie im Bezugsadressen-verzeichnis (Seite 180) aufgeführt sind.

Vielseitige Stauden

Wählen Sie die Stauden so aus, dass ihre Standortansprüche zu den Boden- und Lichtverhältnissen in Ihrem Gar-ten passen, von trocken und sonnig bis feucht und schattig. Beachten Sie auch einen ausreichenden Pflanzabstand, denn viele Stauden entwickeln sich stark in die Breite und brauchen Platz zum Gedeihen. Andererseits findet sich auch für die kleinste Fläche eine passende Staude – schmale Rabatten vor der Hauswand, ein kleines Beet an der Eingangstür, schattenverträgliche Gewächse unter Sträuchern ... – über-all kann etwas blühen.

Die Angabe der Blütezeiten in der Tabelle hilft dabei, die geeigneten Pflanzen für einen über die ganze Ve-getationszeit hinweg „immerblühen-den" Garten zu finden.

Zu beachten ist bei der Pflanzen-auswahl nicht nur das oben zitierte „Sommerloch". Wichtig sind auch Frühblüher als erste Stärkung für Wildbienen und Hummelköniginnen im Frühjahr – hier bieten sich zum Bei-spiel Frühlingszwiebelpflanzen und Weiden an. Spätblüher wie Fetthenne oder Eisenhut sorgen für Blütenflor bis in den Herbst.

Die Fetthenne gedeiht auch an sehr trockenen Standorten.

Salbei ist eine bei Wildbienen und Hummeln besonders beliebte Staude.

Bienenfreundliche ein- und zweijährige Blumen			
Deutscher Name	Botanischer Name	Blütezeit	Anmerkungen
Büschelschön	*Phacelia*-Arten	VI–IX	1-jährig; blüht 4–6 Wochen nach der Aussaat; selbstaussäend; Bodenverbesserer; sehr nektarreich
Fingerhut	*Digitalis*-Arten	VI–VIII	2-jährig; giftige Staude in vielen Farben; selbst verbreitend; besonders für Hummeln attraktiv
Löwenmäulchen	*Antirrhinum majus*	VI–X	in vielen Farben erhältlich, blüht in sonnigen Lagen bis zum Frost; gute Selbstaussaat
Luzerne	*Medicago sativa*	VI–XI	Futterpflanze u. a. für Sägehornbienen und andere Blütenbesucher
Malven	*Malva*-Arten	VI–X	ausdauernde Blüte in vielen Farben; für sonnige Standorte; pollenreich
Sonnenblumen	*Helianthus*-Arten	VIII–IX	sehr gute und späte Pollen- und Nektarquelle

Das bienenfreundliche Kinderbeet

Kinder erleben den Garten besonders intensiv, wenn sie ihr „eigenes" Beet anlegen dürfen. Umso besser, wenn auch Bienen und Hummeln davon profitieren! Etwa 1 m Durchmesser ist eine kindgerechte Größe.

Sehen Sie eine hoch wachsende Staude für die Mitte vor, zum Beispiel bei Vollsonne ungefüllte Stockrosen oder Alant oder im Halbschatten eine schöne Spiere (Astilbe). Darum herum pflanzen Sie kunterbunte Indianernesseln, Phlox oder duftende Minzen oder, an schattigeren Plätzen, Storchschnabel und Jakobsleiter.

Zur Abrundung kommen am besten noch ein paar ein- oder zweijährige Blumen (zum Beispiel Sonnenblumen, Löwenmäulchen, Kapuzinerkresse) und Zwiebelpflanzen dazu, denn Kinder finden es sehr spannend, wenn Samen oder Blumenzwiebeln austreiben und heranwachsen. Wässern und pflegen Sie das Beet gemeinsam mit Ihrem Kind und zeigen sie ihm all die kleinen Wunder: die Biene beim Blütenbesuch, Käfer, Ameisen und Schnecken.

Bienenfreundliche Stauden			
Deutscher Name	Botanischer Name	Blüte- zeit	Anmerkungen
Alant	*Inula*-Arten	VII–IX	bis 2 m große Staude mit gelben Blüten, auf die viele Solitärbienenarten spezialisiert sind
Blut-Weiderich	*Lythrum salicaria*	VII–IX	eher für feuchte Standorte und Gartenteiche; Blüten dunkelrosa; einige Solitärbienenarten sind darauf spezialisiert
Christrosen	*Helleborus*-Arten	II–IV	frühe Starthilfe für Hummeln und Bienen
Diptam	*Dictamnus albus*	VI–VII	gute Bienenweide auf trockenen Böden
Duftnessel	*Agastache foeniculum*	VII–IX	Staude mit langer Blühdauer; eingeschränkt winterhart, daher warmer, sonniger Standort empfehlenswert
Echte Engelwurz	*Angelica archangelica*	VI–VIII	zweijährig bis ausdauernd; für feuchte, nährstoff- reiche Böden
Edeldistel	*Erynigum*-Arten	VII–IX	sehr beliebte und reiche Bienenweide auf trockenen, sandigen Standorten
Ehrenpreis	*Veronica*- Arten	V–VIII	viele Züchtungen in blau bis rosa; wenig Pollen, aber nektarreich
Eisenhut	*Aconitum*-Arten	VI–X	blau oder gelb blühend; giftig; feuchte und kalkhaltige Standorte; diverse Wildbienen sind auf diese Staude spezialisiert
Esparsette	*Onobrychis viciifolia*	V–VII	schöne, heute selten gepflanzte Staude; trockene, warme und stickstoffarme Standorte
Fingerkraut	*Potentilla*-Arten	V–VIII	in vielen Farben erhältlich
Gamander	*Teucrium*-Arten	VI–VIII	Bodendecker für sonnige Standorte
Gilbweiderich	*Lysimachia vulgaris, L. punctata, L. nummularia*	VI–VIII	nur die hier genannten Arten sind wichtige Ölblumen für bestimmte Wildbienenarten
Goldlack	*Erysimum cheiri*	V–VI	gelb-braune Blüte; frostempfindlich, sonnige Standorte
Indianernessel	*Monarda*-Arten	VII–IX	in vielen Farben erhältlich, exotische Blütenform; sonnige Standorte
Inkarnat-Klee	*Trifolium incarnatum*	V–VI	wie alle Klee-Arten sehr reichhaltige Bienenweide
Jakobsleiter	*Polemonium caeruleum*	VI–VII	blauviolette Blüten; auch für Halbschatten geeignet

Fortsetzung: Bienenfreundliche Stauden

Deutscher Name	Botanischer Name	Blütezeit	Anmerkungen
Katzenminze	*Nepeta*-Arten	VI–IX	violett bis rosa blühend; bevorzugt sonnige Standorte
Klee (Weiß-Klee, Rot-Klee)	*Trifolium repens, T. pratense*	V–VIII	lange Blühdauer; gut für Rasen; anspruchsloser Bodenverbesserer; sehr nektarreich
Kokardenblume	*Gaillardia aristata*	VII–VIII	mehrfarbige und ausdauernde Blüte; anspruchslos
Korn- und Flockenblume	*Centaurea*-Arten	V–VIII	trockene, sonnige Standorte
Kriechender Günsel	*Ajuga reptans*	V–VI	ausdauernder Bodendecker mit rötlichem Laub und blauer Blüte
Löwenzahn	*Taraxacum officinale*	IV–VI	anspruchslos, verbreitet
Lungenkraut	*Pulmonaria*-Arten	III–V	violette oder rosafarbene Blüten; auch für Schattenlagen; besonders für Hummeln attraktiv
Mehrjähriges Löwenmäulchen	*Antirrhinum braun-blanquetii*	VII–X	in vielen Farben blühend; wenig frostfest; besonders für Hummeln attraktiv
Mohn	*Papaver*-Arten	V–VIII	anspruchslos, trockene Lagen; einjährige und mehrjährige Sorten erhältlich; guter Pollenspender
Nelkenwurz	*Geum*-Arten	V–VII	eher feuchte Standorte; besonders für Hummeln attraktiv
Stockrose	*Alcea rugosa*	V–IX	sehr große, ausdauernd blühende Staude in vielen Farben; selbstaussäend; pollenreich, nur ungefüllte Sorten verwenden!
Storchschnabel	*Geranium*-Arten	VI–X	in der Wildform guter Bodendecker für Schattenlagen
Taubnesseln	*Lamium*-Arten	IV–IX	Blüten weiß, gelb oder rotviolett; ausdauernd oder mehrmals im Jahr blühend; anspruchslos, für schattige Lagen
Tränendes Herz	*Dicentra spectabilis*	IV–V	ungewöhnliche Blütenform in rot/weiß; für schattige Lagen
Wasserdost	*Eupatorium*-Arten	VII–X	große, imposante Staude für feuchte Standorte
Wiesenknöterich	*Bistorta officinalis*	IV–VIII	violette Blütenrispen; feuchte Standorte
Ziest	*Stachys*-Arten	VI–X	verschiedene Arten für trockene (Woll-Ziest) bis schattige Standorte (Wald-Ziest)

Rasenflächen und Wiesen

Der Rasen ist ein beliebter Bestandteil fast aller Gärten, die nicht ausschließlich Schauzwecken dienen (wie Vorgärten). Er ermöglicht den freien Blick, er dient als Spiel- und Aufenthaltsfläche für die Bewohner. Für den Naturfreund allerdings ist der ideale, makellose grüne Rasenteppich, stark gedüngt und artenarm, eher eine grüne Wüste. Das Ausmerzen von jedem blühenden Farbtupfer, wie Klee, Löwenzahn oder Gänseblümchen, macht Rasenflächen auch als Bienenweide gänzlich uninteressant. Menschliche und tierische Interessen stehen gerade hier in krassem Widerspruch. Aus Bienensicht gilt: Je mehr blühendes Rasen-„Unkraut", desto besser. Und ausgerechnet an sonnigen Kahlstellen im Rasengrün kann es dazu kommen, dass sich wie von Zauberhand kleine Sandhäufchen bilden – dann haben solitäre Bienen die Chance genutzt, ihr Nest anzulegen.

Die Blumenwiese ist mehr als eine Augenweide.

Der naturfreundliche Rasen

Rasenflächen kann man bienenfreundlich aufwerten, ohne dass die gewünschten Eigenschaften für Sport und Spiel darunter leiden. Es ist schon ein erster Schritt, natürlich auftretende „Unkräuter" wie Gänseblümchen, Weißklee und Löwenzahn zu tolerieren. Gerade die Kleesorten sind sehr nektar- und pollenreich und werden besonders gerne von Hummeln besucht. Auf Löwenzahn finden sich Honigbienen, Sandbienen (*Andrena*) und viele andere Wildbienen ein.

Damit sich die bunten Einsprengsel voll entfalten können, muss man nur den Rasenmäher öfter stehen lassen. Ideal ist das Mähen kurz nach der Blüte der Kräuter, man verlängert auf diese Weise sogar die Blütezeit.

Frühlingsgewächse wie Krokusse, Osterglocken, Blausterne und Traubenhyazinthen sind eine gute Starthilfe für die gerade erwachenden Hummelköniginnen und die ersten Wildbienen, wie die Frühlings-Pelzbienen (*Anthophora plumipes*, Seite 134). Für diesen Zweck sollte man aber nur züchterisch weitgehend unbearbeitete Sorten verwenden, die sich allmählich ausbreiten können. Ideal zur Verwilderung im Rasen sind die kleinblütigen sogenannten „botanischen Krokusse" und Elfenkrokusse. Die Blumenzwiebeln werden zwischen September und Ende November in Gruppen gepflanzt. Sie blühen bereits im nächsten Frühjahr. Nach der Blüte sollte man den Zwiebelpflanzen noch etwas Zeit gönnen, ehe man das Blattgrün abmäht, damit sie noch genug Kraft für die nächste Blüte in den Zwie-

Krokusse machen den Rasen bunt und begehrt.

Schön natürlich: Blühende Wiese mit Klatsch-Mohn

beln speichern können. Ideal zur Pflanzung sind daher Stellen, an denen das Gras schlechter wächst und die selten betreten werden, zum Beispiel die Säume angrenzender Hecken, Baumscheiben, Kahlstellen im Rasen und Flächen unter Bäumen oder in schattigen Lagen.

Blühende Wiesen

Wer einen großen Garten besitzt, kann an die Anlage einer Blumenwiese denken. Blumenwiesen sind nicht nur in ihrer Blütenvielfalt schön anzusehen, sondern bilden auch Nahrungs- und Rückzugsgebiete für zahlreiche Insekten und Wirbeltiere. Im Gegensatz zum Rasen ändern sie jedoch, abhängig von Bodenbedingungen und Pflege, ihr Gesicht von Jahr zu Jahr, weil sich die Pflanzengesellschaft mit der Zeit weiterentwickelt. In einem Sommer stehen vielleicht Klatsch-Mohn und Kornblume im Vordergrund, im nächsten Jahr erhebt sich stattdessen die Goldrute. Mit der unterschiedlichen Pflan-

zenzusammensetzung ändert sich auch das Nahrungsangebot – und damit stellen sich wiederum unterschiedliche Wildbienenarten ein.

Blumenwiesen sind aber nicht zum dauernden Begehen geeignet, schon gar nicht als Spielwiese. Es müssen also nur gelegentlich begangene Brach- und Freiflächen zur Verfügung stehen, oder man teilt einen solchen Bereich ganz bewusst von der Rasenfläche ab.

Ideal ist eine Lage in voller Sonne, aber inzwischen gibt es auch bewährte Mischungen für Nord- und Schattenlagen. Gerade für sonnige Lagen gilt, dass ein magerer, sandiger Boden eine reichere Blütenpracht hervorbringt als reich gedüngter Gartenboden. Daher braucht man oft viel Geduld bei der Anlage einer Blumenwiese, denn meist muss der nährstoffreiche Gartenboden allmählich abgemagert werden, indem man ihn regelmäßig mäht und das Schnittgut gründlich entfernt. Baumbestandene Flächen sind daher weni-

Bienenfreundliche Wiesenmischungen		
Name	Inhalt (Auswahl)	Anmerkungen
Einjährige Mischungen		
Brandenburger Mischung	Borretsch, Buchweizen, Phacelia, Malve, Serradella, Sonnenblume, Weißer Senf, Öl-Rettich	gut geeignet für sandige und leichte Böden
Mischung Hohebuch	Alexandriner-Klee, Buchweizen, Inkarnat-Klee, Phacelia, Platterbsen, Futtererbsen, Sonnenblumen, Winterwicken	besonders für die Nahrungs-spezialisten unter den Wildbienen geeignet; Bodenverbesserer
Tübinger Mischung	Borretsch, Buchweizen, Dill, Weißer Senf, Phacelia, Koriander, Ringelblume, Schwarzkümmel, Öl-Rettich, Kornblume, Wilde Malve	der Klassiker unter den Bienenweidemischungen; kann mit Kleesorten ergänzt werden
Mehrjährige Mischungen		
Mischung „Blühende Landschaft"	Wegwarte, Wilde Möhre, Natternkopf, Margerite, Hornklee, Weißer Steinklee, Klatsch-Mohn, Wiesen-Salbei	verschiedene Versionen für Süd-, Nord- und Ostdeutsch-land
Veitshöchheimer Bienenweide	etwa 50 verschiedene Wildkräuter	

ger geeignet, da der Laubfall für ständige Düngung sorgt.

Wildblumenmischungen kann man selbst anmischen, der Aufwand lohnt aber nicht – es gibt verschiedene sehr gute Mischungen im Fachhandel (siehe Tabelle; Bezugsquellen im Anhang). Als „Klassiker" gilt zum Beispiel die „Tübinger Bienenweidemischung". Sie kann ab Anfang Mai von Hand gesät werden und eignet sich für viele Bodentypen außer leichte Sandböden. Der hohe Anteil an Büschelschön (*Phacelia*), Kornblume und Borretsch färbt die Wiese in ein zartes Violett. Die „Veitshöchheimer Mischung" ist dagegen komplexer und vielfältiger aufgebaut und verbessert dank stickstoffbindender Pflanzen die Bodenqualität.

Eine Blumenwiese braucht keinen wöchentlichen Schnitt – im Gegenteil: Allenfalls ein- oder zweimal pro Jahr, auf Schattenwiesen sollte sogar nur einmal gemäht werden, am besten kurz nach der Blüte. Auf diese Weise erreicht man eine neu angeregte bzw. verlängerte Blüte der Wiese. Besonders wildbienenfreundlich ist das Mähen in Teilabschnitten – anstatt sie also an einem Tag komplett abzumähen, mäht man die Wiese zeitlich versetzt in Teilabschnitten, so dass immer blühende Streifen stehen bleiben. Das Schnittgut kann man auf der Wiese trocknen lassen, sollte es aber anschließend entfernen und nicht als Mulch liegen lassen.

Bäume und Sträucher

Blühende Bäume und Sträucher, wie Weiden und Obstgehölze oder die Frühblüher Haselnuss und Kornelkirsche, sind mit ihrer reichen Blütentracht auf kleinstem Raum ein Paradies für Nektar und Pollen suchende Insekten. Kletterpflanzen können selbst Hauswände erblühen lassen oder wachsen an Bäumen und Spalieren empor. Auch die Auswahl der Gehölze im Garten kann gezielt auf die Bedürfnisse von Wildbienen ausgerichtet werden.

Eine Hand wäscht die andere

Die Interessen von Menschen und Tieren treffen sich bestens bei den Obstbäumen: Zum einen bieten die Baumblüten den Insekten reichlich Nahrung, zum andern werden die Blüten beim Insektenbesuch bestäubt – nur dann können sich die begehrten Früchte entwickeln. Nach einer Neupflanzung brauchen Obstbäume vergleichsweise wenig Zeit, um zur Bienenweide zu werden. Vor allem Süß- und Sauerkirschen, aber auch Apfelbäume bieten sich an, weil sie viel Pollen und Nektar produzieren und von vielen verschiedenen Insekten besucht werden. Bei Süßkirschen sind selbstfruchtende Züchtungen empfehlenswert, die nicht auf einen „Partnerbaum" derselben Art in näherer Umgebung angewiesen sind, sondern mit Pollen der eigenen Blüten befruchtet werden können. In den letzten Jahren sind selbstfruchtende Süßkirschen-Züchtungen wie 'Lapins' oder 'Sunburst' auf den Markt gekommen, die teilweise auch erntefreundlich niedrigwüchsig sind. Von kaum ersetzbarem Wert für Blüten be-

Blühende Obstbäume – im Bild ein Apfelbaum – werden geradezu umschwärmt, hier von einer Honigbiene.

Bienenfreundliche Bäume und Sträucher

Deutscher Name	Botanischer Name	Blüte-zeit	Anmerkungen
Bäume			
Apfel	*Malus*-Arten	IV–V	je nach Sorte relativ niedriger Obstbaum; sonniger Standort; nektar- und pollenreiche Blüten
Faulbaum	*Rhamnus frangula*	V–VI	verträgt Schatten
(Sauer-)Kirsche	*Prunus*-Arten	IV–V	nektar- und pollenreicher als Süßkirschen
Kornelkirsche	*Cornus mas*	II–IV	baum- oder strauchförmig je nach Schnitt; nektarreiche Blüten
Weiden	*Salix*-Arten	ab III	Vermehrung über Stecklinge sehr einfach, ideal für „lebende Zäune"
Großsträucher (Wuchshöhe über 3 m)			
Blut-Johannis-beere	*Ribes sanguineum*	V–VI	dekorative, rosa Blütentrauben; bei Hummeln und Pelzbienen sehr beliebt
Felsenkirsche	*Prunus mahaleb*	IV–V	kalkhaltige Böden, Sonne
Hartriegel	*Cornus sanguinea*	V–VI	anspruchslos
Haselnuss	*Corylus avellana*	II–IV	erste Pollenpflanze im Jahr
Holunder	*Sambucus nigra*	V–VI	weiße Blütendolden, essbare Beeren
Liguster	*Ligustrum vulgare*	VII–VIII	Bodenfestiger; Schatten
Mehlbeere	*Sorbus aria*	V–VI	auch als Baum zu ziehen
Sanddorn	*Hippophae rhamnoides*	IV–V	Vogelnährgehölz mit Vitamin-C-haltigen Früchten; kalkliebend, für kiesige, nicht zu trockene Standorte
Schlehe	*Prunus spinosa*	IV–V	Vogelschutzgehölz; beliebt bei Sandbienen
Sommerflieder	*Buddleja davidii*	VII–IX	„Schmetterlingsflieder"; blüht an Trieben desselben Jahres, daher starker Rückschnitt im Frühjahr empfohlen
Wechsel-blättriger Sommerflieder	*Buddleja alternifolia*	VI–VII	besonders nektarreiche Alternative zum bekannteren „Schmetterlingsflieder" *B. davidii*; keinen Frühjahrsschnitt durchführen!
Weißdorn	*Crataegus mono-gyna* oder *C. laevigata*	V–VI	für Halbschatten oder Sonne; mit Dornen; reiche weiße Blütenpracht

Fortsetzung: Bienenfreundliche Bäume und Sträucher

Deutscher Name	Botanischer Name	Blüte-zeit	Anmerkungen
Kleinsträucher (Wuchshöhe unter 3 m)			
Apfelbeere	*Aronia melanocarpa*	V	robuster Strauch mit sehr vitaminreichen Beeren
Bartblume	*Caryopteris × clandonensis* oder *C. incana*	VII–IX	wertvolle Spättracht für Bienen und Hummeln; langsam wachsend, frostempfindlich, Rückschnitt im Frühjahr fördert die Blüte
Berberitze	*Berberis vulgaris*	V	anspruchslos, viele Zuchtformen, bis 2 m Wuchshöhe
Ginster	*Cytisus scoparius*	V–VII	steinige, trockene Standorte ohne Konkurrenz, vollsonnig; langsam wachsend; mag nicht umgepflanzt werden,
Heckenkirschen	*Lonicera xylosteum*	V–VI	auch für trockene Böden
Himbeere, Brombeere	*Rubus*-Arten	V–VIII	Sonne bis Halbschatten; sehr gute Nektar- und Pollenspender
Japanische Scheinquitte	*Chaenomeles japonica*	IV–V	robuste Heckenpflanze; Blüten orange-gelb oder rot, Früchte orange
Korallenbeere	*Symphoricarpos orbiculatus*	VI–VIII	robust, schöne Herbstzierde
Pfaffenhütchen	*Euonymus europaeus*	V	verträgt Schatten; bis 3 m hoch; giftig
Schneeball	*Viburnum opulus*	V–VI	braucht feuchten Boden; nur Züchtungen mit ungefüllten Blüten verwenden
Spitzblättrige Strauchmispel	*Cotoneaster acutifolius*	V–VI	robuster Strauch mit dunklen Beeren; auch von Wespen geschätzte Starthilfe
Wildrosen	*Rosa*-Arten	V–VII	verschiedene Arten; nur ungefüllte Sorten verwenden

Der Bienenbaum

In den letzten Jahren findet man immer häufiger den „Bienenbaum" (*Euodia hupehensis*, Syn. *Tetradium daniellii*). Dieser aus Ostasien stammende, anspruchslose Baum braucht in der Jugend etwas Schutz vor Frost, bevor er mit etwa sieben Jahren cremefarbene, sehr nektar- und pollenreiche Blütendolden ausbildet. Mit der langen Blühdauer von Juli bis September füllt er das blütenarme Sommerloch. Der Baum breitet sich selbst nur schlecht aus, man muss also nicht befürchten, dass er sich verbreitet und einheimische Arten verdrängt.

Der Bienenbaum Euodia ist eine gute Nektarpflanze für den Spätsommer.

suchende Insekten, aber auch für Vögel und viele andere Tiere sind jedoch große, alte Obstbäume. Leider werden sie oft vorschnell gefällt, wenn sie nicht mehr viel tragen oder die Früchte nicht so prall und schön sind, wie der Obstbaumbesitzer es gerne hätte. Dabei wird die Nachpflanzung Jahrzehnte brauchen, bis sie die Blütenfülle des alten Baumes erreicht. Abgestorbene Äste bieten wertvolle Nistplätze für Wildbienen und sind – so lange keine Sicherheitsprobleme bestehen – kein Grund, einen Baum zu fällen. Im Übrigen kann die Ursache für mangelnde Erträge auch im aktuellen Witterungsverlauf oder in der Nährstoffversorgung liegen – und manchmal gibt es einfach schlechte Obstjahre, in denen selbst die besten Bäume nicht gut tragen. Darum die große Bitte im Interesse unserer Bienen: Lassen Sie alte Obstbäume so lange wie möglich stehen!

Blauer Regen für Mensch und Tier

Der giftige Blauregen (*Wisteria*) ist eine windende Kletterpflanze, die gern zum Begrünen von Zäunen und Gebäuden verwendet wird. Er braucht einige Jahre bis zur Blüte, wobei es inzwischen aber auch Züchtungen gibt, die schon in jungen Jahren blühen. An den üppigen violetten Blütentrauben im April/Mai kann man die großen, blauschwarz glänzenden Weibchen der Blauen Holzbiene (*Xylocopa violacea*, Seite 137) beobachten. Werden die Triebe Anfang September auf zwei bis vier Knospen zurückgeschnitten, erhält man eine besonders reiche Blüte im nächsten Jahr.

Aus Ranken werden Büsche

Aus der Kletterpflanze Efeu (ebenfalls giftig) lassen sich Büsche bilden, wenn man Stecklinge von den blühenden Trieben alter Efeupflanzen herstellt.

Bienenfreundliche Kletterpflanzen (mehrjährig)

Deutscher Name	Botanischer Name	Blütezeit	Rankhilfe/Verwendung	Anmerkungen
Akebie	*Akebia quinata*	V	Latten, Stäbe, feste Drähte; gut für Zäune, Pergolen, Lauben	schnellwüchsig; für sonnige Standorte, jedoch nur eingeschränkt winterhart, in milden Regionen wintergrün; essbare Früchte
Baumwürger	*Celastrus orbiculatus*	VI	Rankgerüst; gut für Lauben oder Pergolen	anspruchslos und starkwüchsig; Beeren bilden sich nur, wenn ein passender Partner in der Nähe wächst
Blauregen	*Wisteria sinensis* oder *W. floribunda*	V–VI	starkes Gerüst; für große Flächen	starkwüchsiger Schlinger mit großartiger violetter bis rosafarbener Blütenpracht; sehr geschätzt von der hummelgroßen Blauen Holzbiene *Xylocopa violacea*
Cotoneaster	*Cotoneaster horizontalis*	V–VI	Spreizklimmer bis 3 m Höhe, auch hängend	langsam wachsend; für sonnige Standorte; gute Nektarquelle
Efeu	*Hedera helix*	IX–X	mit Haftwurzeln selbstkletternd bis 30 m; für Hauswände, Bäume	besonders für schattige Lagen geeignet; Früchte giftig; Blüte geschätzt bei Bienen
Kletter-Hortensie	*Hydrangea anomala* subsp. *petiolaris*	VI–VII	Haftwurzeln, Kletterhilfe erforderlich; für Fassaden, Lauben, Pergolen, Zäune	langsam wachsend; für schattige, feuchte Lagen mit lockerem Boden; lange Blütezeit
Kletterrose	*Rosa*-Arten	je nach Art	Klettergerüst; für Lauben, Pergolen, Zäune, Bäume	für sonnige Lagen, gerne kalkhaltig; nur ungefüllte Sorten verwenden
Schling-/ Flügelknöterich	*Fallopia baldschuanica*	VI	starkes Gerüst; für große Flächen	sehr starkwüchsig und laubreich; für Sonne und Halbschatten; gute Nektarquelle
Waldrebe	*Clematis*-Arten	je nach Art	Rankgerüst, Drähte; für Lauben, Pergolen, Zäune	feuchte Standorte, Halbschatten bis Sonne, benötigt dann einen Sonnenschutz im Wurzelbereich; nur ungefüllte Sorten verwenden
Wilder Wein	*Parthenocissus*-Arten	VII, IX	Haftwurzeln; für Fassaden und Bäume	Halbschatten bis Sonne; schöne Laubfärbung im Herbst

Augenweide und Bienenweide zugleich ist der Blauregen.

Sie haben eine etwas andere Blattform als die kletternden Ranken. Nach dem Abblühen schneidet man sie ab und stellt sie in einen Eimer mit Wasser. Innerhalb einiger Wochen bilden diese Stecklinge dann Wurzeln und können ausgepflanzt werden. Die langsam wachsenden, immergrünen Efeubüsche belohnen die Mühe mit nektar- und pollenreichen Blüten im Spätsommer, an denen Honigbienen, aber auch speziell die Efeu-Seidenbiene (*Colletes hederae,* Seite 112) sammeln.

Naturreservat Hecke
Auch die Grundstücksgrenzen bieten Raum für bienenfreundliche, grüne Lösungen. Überall, wo nicht Sicherheits- oder Haftungsaspekte eine massive Absperrung erforderlich machen (wie zum Beispiel am Gartenteich), sollte man lebende und blühende Alternativen in Betracht ziehen.

Hecken sind robust und pflegeleicht und bieten nicht nur Insekten Heim und Nahrung, auch Vögel, Igel, Eidechsen und andere Gartenbewohner schätzen artenreiche Hecken als Unterschlupf. Natürliche „Fliegenfänger" wie die Mittlere Wespe (*Dolichovespula media*, Seite 155) bauen darin gerne ihr papierenes Nest, und die lang andauernde und reiche Blüte einer Naturhecke lockt viele Bienenarten an.

Leider werden aus Sichtschutzgründen häufig immergrüne Gehölze wie Lebensbaum (*Thuja*), Wacholder, Eibe oder Kirschlorbeer verwendet, die uniforme und artenarme Hecken bilden. Dabei sind viele laubabwerfende Gehölze besser geeignet, da sie nicht nur abwechslungsreich blühen, sondern auch mit ihren Früchten Vögel anlocken. Aus Weißdorn, Kornelkirsche, Schneebeere, Zwergmispel, Felsenbirne, Blut-Johannisbeere und Zierquitten entstehen farbenprächtige und dichte Hecken.

Besonders attraktive Heckenpflanzen sind Himbeer- und Brombeersträucher. Sie erfreuen nicht nur den Gärtner mit schmackhaften Beeren, sondern sind auch begehrte Nektar- und Pollenspender, und obendrein überwintern und nisten in den abgeblühten, verholzten Trieben viele Wildbienenarten, wie zum Beispiel Maskenbienen (*Hylaeus*). Wertvolle Straucharten, die als Einzelpflanzen gesetzt oder zu Hecken kombiniert werden können, sind der Tabelle zu entnehmen.

Ist das Grundstück zu klein für frei wachsende Hecken, dann sind Formschnitthecken, auch wenn sie etwas streng wirken, statt eines Zaunes immer noch die bessere Lösung. Hierfür sind nur Sträucher geeignet, die nach dem regelmäßigen Formschnitt schnell und dicht wieder austreiben. Geeignet sind etwa Kornelkirsche, Liguster oder Buchsbaum, die jedoch den Formschnitt erst unmittelbar nach der Blüte erhalten sollten.

Lebende Zäune

Eine noch platzsparendere grüne Alternative sind lebende Weidenzäune. Im Vergleich zu Hecken sind sie schnellwüchsig, zudem lassen sie sich kreativ formen – Weidenzaunlabyrinthe oder Weidenzelte sind insbesondere für Kinder eine Attraktion. Allerdings sind Weidenzäune nicht immergrün, so dass der Sichtschutz im Winter fehlt, und sie müssen regelmäßig geschnitten und gut gewässert werden. Weiden zählen zu den ersten Pflanzen, die im Frühjahr von Bienen

Unliebsame Begegnungen

Manche sozialen Wespenarten, wie die Mittlere Wespe (*Dolichovespula media*, Seite 155), bauen ihr Nest mit Vorliebe in Hecken. Leider entdeckt man sie oft auf unangenehme Weise – beim Heckenschnitt und einer dadurch ausgelösten Stichattacke. Wer dieses Pech hat, sollte sich umgehend aus dem Nestbereich in den Schatten zurückziehen – die Tiere werden dorthin nicht folgen.

Aus solchen unerfreulichen Begegnungen sollte man aber nicht gleich Handlungsbedarf ableiten in der Art von: „Das Nest muss weg!" Halten Sie sich vor Augen, dass der Wespenstaat zuvor schon monatelang existiert hat, bis die vielen Arbeiterinnen herangewachsen sind – und das ganz ohne Probleme! Es ist aber ratsam, den Nestbereich abzusperren, um künftige Zwischenfälle zu vermeiden.

Eine Efeu-Seidenbiene an ihrer Lieblingspflanze.

Weidenblüten (hier mit Honigbiene) sind eine wichtige Bienenweide im frühen Frühling.

besucht werden, und manche Wildbienenarten, wie die Weiden-Sandbiene (*Andrena vaga*), sammeln ausschließlich an Weiden Pollen und Nektar für ihre Brutnester.

Auch den Hummelköniginnen, die im Frühjahr noch ganz allein für die erste Arbeiterinnengeneration sorgen müssen, hilft man mit dieser reichen Futterquelle.

Die Weide ist ein zweihäusiger Baum, das heißt es gibt männliche und weibliche Pflanzen. Beide bilden an den Triebspitzen der vorjährigen Triebe die hübschen silbrigen Kätzchen und liefern Nektar – die männlichen Blüten weniger, dafür aber zusätzlich noch Pollen, der an den gelben, überstehenden Staubbeuteln gut zu erkennen ist.

Man kann Weiden rund ums Jahr in Baumschulen als wurzelnackte Ware preisgünstig kaufen – noch günstiger

ist jedoch das Selbermachen mit Stecklingen. Diese Methode hat den Vorteil, dass man sich beim Schneiden des Stecklings gleich das Endergebnis der Pflanze anschauen kann und damit Geschlecht, Blühzeitpunkt und Erscheinungsbild kennt.

Stecklinge kann man im Winter

Die besten Bienen-Weiden

Es gibt zahlreiche Weidenarten. Am bekanntesten ist die starkwüchsige Sal-Weide (*Salix caprea*). Weniger bekannt, aber durch die extrem lange Blütezeit noch besser als Bienenweide geeignet ist die Immerblühende Mandel-Weide (*Salix triandra semperflorens*). Auch die Drachen-Weide (*Salix sekka*), die Kübler-Weide (*Salix smithiana* 'Ramberg') und die Reif-Weide (*Salix daphnoides* 'Praecox') sind empfehlenswert.

schneiden, am besten jedoch direkt
nach der Blüte. Dazu werden Weidenruten mit einer scharfen Gartenschere
oder einem Messer abgeschnitten und
in etwa 30 cm lange Abschnitte geteilt.
Geschieht dies im Winter, wickelt man
sie bis zum Frühjahr in einen leicht
feuchten Lappen. Wird gleich nach der
Blüte geschnitten, so stellt man die
Stecklinge mit dem unteren (wurzel-
seitigen) Ende in einen Eimer mit Wasser. Innerhalb weniger Wochen treiben
dann Wurzeln aus und die Stecklinge
können gepflanzt werden. Wenn Sie
nicht auf die Bewurzelung warten wollen, können Sie die Abschnitte auch
einfach direkt in die Erde stecken und
regelmäßig wässern, sie wachsen auch
dann recht zuverlässig an.

Pflanzen Sie die Stecklinge nicht
senkrecht, sondern im Winkel von
etwa 45 Grad in den Boden. So entwickeln sich besonders viele, dicht stehende Triebe. Die Stecklinge können
ruhig eng gesetzt werden (etwa 30 cm
Abstand), um dichtes Grün zu erhal-

*Eine Helle Erdhummel sammelt an Himbeer-
blüten.*

ten. Sind die Triebe ausreichend lang
geworden, können sie miteinander
verflochten oder mittels Pflanzendraht
verbunden werden und bilden dann
eine grüne Wand oder ein schützendes
„Zeltdach".

Gestalten mit Stein und Holz

Auch wenn man Gärten spontan mit „grün" gleichsetzt – „tote" Materialien wie Steine und altes Holz helfen bei der Gestaltung wertvoller Lebensräume auf kleinstem Raum.

Ecken und Kanten willkommen!

Natursteine in vielfältigen Formen sind ein reizvolles Gestaltungselement, um Gärten zu gliedern: mit Wegen, halbhohen Mauern, Kiesflächen, malerischen Findlingen und anderem mehr. Wie überall, so gibt es auch hier mehr oder weniger natur- und tierfreundliche Lösungen.

Rein funktionale Gehwegplatten oder Terrassenplatten dienen dazu, unerwünschte Pflanzen zu unterdrücken

Sieht schön aus und hilft den Wildbienen: Natursteinpflaster mit Sandfugen.

und bequeme Fußwege für jedes Wetter zu schaffen. Fugenlos aneinander gefügt oder in Mörtel gebettet, sind solche Plattenflächen aber, ökologisch betrachtet, lebensfeindliche Wüsten. Geringe Chancen haben Pflanze und Tier auch an glatten, polierten Natursteinen oder porenfreien Betongusssteinen.

Pflasterflächen und Mauern aus Natursteinen hingegen können vielfältige und wertvolle Lebensräume sein. Die Ritzen und Fugen in Plattenwegen und Mauern, die sich in dem unregelmäßigen Natursteinmaterial ganz von selbst ergeben, dienen Wildbienen als Versteck, Nistplatz oder Winterquartier. Zudem haben Steine die Eigenschaft, sich in der Sonne zu erwärmen und diese Wärme noch lange nach Sonnenuntergang allmählich abzugeben. Dadurch wird das Material als Nistplatz für die wärmeliebenden Bienen und Wespen zusätzlich attraktiv.

Natursteinwege

Natursteinplatten für Pflasterwege gibt es in vielen attraktiven Farben und Formen, ob kantig oder leicht gerundet, hell oder dunkel, glatt oder rau. Kalkstein- und Sandsteinplatten sind hell und freundlich und lassen sich leicht verlegen, allerdings sind sie recht empfindlich gegen Verschmutzung und können Frostbrüche ausbilden. Granit und Basalt sind dunkler, härter und damit robuster, aber beim Verlegen etwas schwieriger, da sie sich nur schwer bearbeiten lassen. Die Platten werden natürlich nicht einzementiert, sondern mit Verlegesand auf ei-

Auch solides Totholz wie dieser Baumstumpf ist wertvoll für einige Wildbienenarten.

ner Schicht aus gröberem Kies verlegt. So kann das Wasser gut versickern. Eine Randbepflanzung mit trittunempfindlichen ausdauernden Steingartenstauden fasst den Weg ein und bietet eine zusätzliche Nahrungsquelle für Wildbienen.

Trockenmauern

Natursteinmauern sind eine attraktive und ökologisch wertvolle Gestaltungsmöglichkeit für trockene, sonnige Standorte, an denen Höhenunterschiede überbrückt werden müssen. Bienen und Wespen wie die Schornsteinwespe (*Odynerus spinipes,* Seite 164) sind auf solche senkrechten Strukturen angewiesen.

Auch hier müssen die Steine natürlich so weit wie möglich mörtellos plat-

ziert werden. In einen etwa 30 cm tiefen Aushub kommt zunächst ein wasserabführendes Kiesbett als Fundament, dann werden die Natursteine, zum Beispiel Kalksteinbruch oder Muschelkalk, in von unten nach oben abnehmender Größe aufgeschichtet. Achten Sie auf ausreichende seitliche Stabilität gegenüber nachrutschender Erde! Bei dicken Wandkonstruktionen müssen sie für den Innenbereich nicht die wertvollen Natursteine verwenden, sondern können ihn mit Schutt, Ziegelstein- oder Dachziegelbruch und dergleichen verfüllen. Anschließend können Sie die Wand mit geeigneten Pflanzen bestücken, wie sie im Kapitel Steingarten (Seite 87) beschrieben sind.

Lebendiges Totholz

Ein weiteres interessantes Gestaltungselement im Garten ist Totholz. Im wildbienenfreundlichen Naturgarten werden Hecken- und Strauchschnitt nicht etwa mühsam gehäckselt und entsorgt, sondern als wertvoller Rohstoff weiterverwertet.

Totholzhaufen bieten ähnlich wie Naturhecken Unterschlupf und Nistquartiere für Insekten, Vögel und kleine Wirbeltiere. Sie sind für Mäuse und damit auch für Hummeln sehr geschätzte Quartiere und bieten ungestörte Winterplätze. Viele Wildbienenarten sind Totholzbesiedler, die in Käferfraßgängen in größeren Ästen ihre Nistplätze anlegen.

Insbesondere für verschwiegene Ecken und Winkel, die nicht bepflanzt werden können, bietet sich die Anlage eines Totholzhaufens an. Schattige oder trockene Lagen unter Bäumen, wo eine Bepflanzung nur mit viel Aufwand und täglicher Bewässerung gedeiht, lassen sich so naturnah gestalten.

Schichten sie hierzu den gröberen Hecken- und Strauchschnitt locker übereinander. Eingebaute Lagen dickerer Äste verhindern eine zu starke Verdichtung. Wer mag, kann den Holzschnitthaufen anschließend durch Bepflanzen mit Efeu oder Clematis begrünen. An sonnigen Plätzen bieten sich Duft- und Staudenwicken an, deren Blüten von vielen Wildbienen besonders geschätzt werden.

Wichtig ist, dass man den Totholzhaufen anschließend möglichst unberührt lässt. Wildbienen finden ihr Nest rein optisch wieder. Daher kann ein Verschieben der Äste dazu führen, dass die Weibchen ihre Nesteingänge nicht mehr wiederfinden. Natürlich kann man auf den allmählich zusammensackenden Holzhaufen neues Schnittgut auflegen und sich so aufwendiges Häckseln sparen.

Karge Schönheit: Der Steingarten

Viele Wildbienen haben eine Vorliebe für sonnig-trockene Standorte mit sandigen Böden. Hier bieten sich für bodennistende Arten ideale Bedingungen. Etwa drei Viertel aller Solitärbienenarten und dazu verschiedene Wespenarten bauen ihre Nester im Boden. Dazu brauchen sie verdichtete (also nicht rieselnde), freiliegende Sandböden in einer warmen, gut besonnten Lage. Man findet sie deshalb im Garten immer wieder an unverhofften Stellen, wie etwa in vernachlässigten Balkonkästen, wenig gewässerten Kakteentöpfen auf der Terrasse oder im verwaisten Sandkasten. Auch auf sandigen, unbewachsenen Flächen unter Balkonen können ganze Nestkolonien der Pelzbiene (*Anthophora plumipes*, Seite 134) entstehen.

Der Hobbygärtner kennt aber auch einen Gartentyp, in dem sich die Interessen der bodennistenden Wildbienen und des Menschen perfekt ergänzen:

Der Steingarten mit seinen sonnigen Hängen, viel offenem Boden, aber auch verschwiegenen Ritzen unter Steinen und in Stützmauern ist ein idealer Platz für Wildbienen.

Hinzu kommt die zweite bienenfreundliche Seite des Steingartens, nämlich die spezielle Pflanzenauswahl. Unter den Steingarten-Klassikern wie Polsterstauden und Fetthennen-Gewächsen gibt es zahlreiche weitgehend „naturbelassene", also wenig züchterisch bearbeitete Gewächse, die mit ihrem Nektar- und Pollenangebot für Wildbienen sehr wertvoll sind.

Eine Auswahl von attraktiven und wildbienengerechten Arten ist in der Tabelle zusammengestellt. Wünschenswert ist auch hier eine möglichst bunte Artenvielfalt mit unterschiedlichen Blühzeiten, so dass für sammelnde Bienen und für das Auge des Menschen gleichermaßen immer etwas geboten wird.

Ein Steingarten mit bienenfreundlichen Pflanzen und offenem Sandboden ist ideal.

Bienenfreundliche Steingartenpflanzen

Deutscher Name	Botanischer Name	Blüte-zeit	Anmerkungen
Adonisröschen	*Adonis vernalis*	IV–V	kalkliebend; giftig
Besenheide	*Calluna vulgaris*	VIII–IX	letzte reiche Herbstweide für Honigbienen; nur für kalkarme, saure Böden
Blaukissen	*Aubrieta*-Arten	IV–V	Polsterstaude, die für eine reiche Blüte besonders mageren Boden braucht
Diptam	*Dictamnus albus*	VI–VII	gute Bienenweide auf trockenen, mageren Kies- und Steinböden
Felsen-Steinkresse	*Aurinia saxatilis*	IV–V	gelb blühende Polsterstaude
Fetthenne	*Sedum*-Arten	VI–IX	für trockene, magere und sonnige Standorte
Gelber Wau	*Reseda lutea*	V–VII	1–2-jährig; gelbe Blütentrauben
Glockenblumen	*Campanula*-Arten	VI–VIII	große Artengruppe, für den Steingarten niedrige und kleinblütige Varianten mit ungefüllten Blüten wählen; viele Wildbienenarten sind auf Glockenblumen spezialisiert
Hauswurz	*Sempervivum*-Arten	VII	ausdauernde, niedrige, dickblättrige Pflanze für trockene Standorte, auch in Trockenmauern
Heide-Nelke	*Dianthus deltoides*	VI–IX	intensiv rosarot blühende Staude mit langer Blütezeit
Kissen-Flammenblume	*Phlox subulata*	IV–VI	rosa, violett oder weiß blühende Polsterstaude
Leinkraut	*Linaria purpurea*	VII–X	violett blühend; für sonnige und trockene Standorte
Schleifenblume	*Iberis sempervirens*	IV–V	Halbstrauch, rosa oder weiße Blüte
Schnee-Heide	*Erica carnea*	III–IV	rosa bis weiße Blüte; ausdauernd auf humosen Böden; wichtige Nektarquelle im Frühjahr
Steinbrech	*Saxifraga*-Arten	IV–VI	robuste und reichblühende Staude für magere Böden
Woll-Ziest	*Stachys byzantina*	VI–IX	von Hummeln und Solitärbienen sehr geschätzt; die Wollbiene ist auf den Woll-Ziest angewiesen

Von allen umschwärmt: Die Kräuterspirale

Eine Kräuterspirale im Garten ist von allen heiß begehrt: Menschen lieben sie, weil sie herrlich aromatische, frische Kräuter bereithält, das Auge erfreut – und auch noch die Nase mit feinen Kräuterdüften. Wildbienen lieben sie, weil sie hier eine Fülle unterschiedlicher Pflanzen vorfinden, außerdem sonnenwarme Natursteine und heimliche Ritzen für den Nestbau. Manche inzwischen selten gewordene Arten, wie die Schwarze Mörtelbiene (*Megachile parietina*) oder die Matte Natterkopf-Mauerbiene (*Osmia anthocopoides*), finden hier einen Platz für ihre Lehmnester. Darüber hinaus ist die Kräuterspirale mit ihren sonnenerwärmten Steinen auch ein bevorzugter Aufenthaltsort für andere wärmeliebende Zeitgenossen, wie zum Beispiel Eidechsen.

Viele Kräuter, wie Dill, Basilikum und Laucharten, bilden sehr schöne und auch für Insekten attraktive Blüten. Wer also zumindest einen Teil seines Kräuterbestandes zur Blüte kommen lässt, bietet einen reich gedeckten Tisch für Bienen und Hummeln.

Von feucht bis trocken

Durch die raffinierte Bauweise der Kräuterspirale wird eine Vielfalt unterschiedlicher Pflanzenstandorte erreicht: Am Fuß des spiralförmig aufsteigenden Hochbeets befindet sich ein Wasserreservoir. Das kann ein eingegrabenes Regenwasserfass sein, oder man gestaltet mithilfe von Teichfolie einen Mini-Teich. Das Wasser wird dann die Spiralwindungen entlang im Boden hochgezogen. So bilden sich wassernahe feuchtere Bereiche und wasserferne Trockenzonen zur Spitze hin,

Zusätzlich wird die Spirale mit unterschiedlichem Bodenmaterial gefüllt. Während man am Fuß der Spirale nährstoffreiche, schwere, feuchte Komposterde verwendet, nimmt man an der Spitze mageren Sand und Gartenkalk.

Alles zusammen sorgt dann für ganz unterschiedlichste Wuchsbedingungen von unten nach oben, von feucht und fett bis sandig-trocken.

Der richtige Platz

Wenn Sie eine Kräuterspirale anlegen möchten, brauchen Sie einen Platz im Garten, der möglichst den größten Teil des Tages besonnt sein sollte und groß genug ist für eine runde Grundfläche von mindestens 3 m; ebenes Gelände ist von Vorteil, leichtes Gefälle schadet aber nicht. Die Höhe der Kräuterspirale beträgt dann 1 m bis etwa 1,50 m. Dabei sollte Ihre zukünftige Kräuterspirale von allen Seiten gut zugänglich sein, damit Sie die summenden Besucher gut beobachten können. Denken Sie auch an den Transportweg (Schubkarre!) für die Steine.

Schritt für Schritt zur Kräuterspirale

Markieren Sie zunächst die kreisrunde Grundfläche. Das Teichbecken sollte nach Süden liegen. Von dort aus zieht sich dann die Spirale in einer Rechts- oder Linkswindung – so, dass die Pflanzen möglichst viel Sonne bekommen – in die Höhe.

Schön und nützlich für Mensch und Tier ist die Kräuterspirale.

Unterbau

Die Basis bildet ein Kiesbett aus groben Kieselsteinen: Die Fläche des anschließenden Miniteiches muss nicht groß sein – manche verwenden einfach einen dunklen Zementeimer aus dem Baumarkt.

Die Windung können Sie mit ein paar Ziegelsteinen oder Stöcken markieren. Dabei besser auf Windungen verzichten als auf Breite! Zwischen den Steinmauern sollte rund 60 cm Platz bleiben, damit die Pflanzen ausreichend Wuchsraum haben.

Aufbau

Als Baumaterial für den sichtbaren Außenbereich der Spirale verwendet man einen optisch ansprechenden Stein, zum Beispiel runde Feldsteine oder Muschelkalk. Eine stabile Natursteinmauer lässt sich am einfachsten mit unregelmäßig-kantigem Kalksteinbruch erzielen, der auch Spalten und Risse für Wildbienennester bietet. Es gibt solche Natursteine direkt beim Steinbruch oder bei Gartenfachmärkten und Baumaterialhändlern.

Größere Stücke kommen nach unten, kleinere nach oben. Sparen Sie nicht mit Material! Wenn Sie die Steine auf die schmalere Bruchkante stellen, kann die Konstruktion leicht nach ein paar Regengüssen auseinanderrutschen – daher die Steine immer auf die große Fläche legen und so übereinanderschichten.

Wichtig ist der Übergang zum Wasserbecken: Zwischen dem Erdreich am Beginn der Spirale und dem Wasserbecken muss eine eine gut saugende Verbindung hergestellt werden. Hierfür

Das Innere der Kräuterspirale wird zunächst mit Schutt gefüllt.

Bauschutt gesucht!

Zum Auffüllen im Innenbereich der Kräuterspirale kann man Bauschutt verwenden. Achten Sie aber sehr genau darauf, was für Material darin enthalten ist! Gut geeignet sind reine Fliesenreste, Steinbruch, Ziegelsteine, Toilettenbecken oder Waschbecken – jedoch keine Farbeimer, Kleber oder Silikonabfälle, das ist Sondermüll!

Auf den Bauschutt kommt Gartenerde.

Die Kräuter werden ihren Bedürfnissen gemäß oben oder unten eingepflanzt.

Bienenfreundliche Würzkräuter für die Kräuterspirale			
Deutscher Name	Botanischer Name	Blüte-zeit	Anmerkungen
Oberer Bereich (trockener Standort, kalkhaltig)			
Berg-Bohnenkraut	*Satureja montana*	VIII–X	weiße Blüte
Currykraut	*Helichrysum italicum*	V–VIII	gelbe Blüte; nur eingeschränkt winterhart.
Lavendel	*Lavandula angustifolia*	VI–VIII	eingeschränkt winterhart
Majoran	*Origanum majorana*	VI–IX	gut besuchte weiße Blüten
Rosmarin	*Rosmarinus officinalis*	VIII–IX	weiße Blüte; nicht winterhart
Salbei	*Salvia officinalis*	V–X	diverse Blütenfarben; besonders für Hummeln geeignet
Thymian	*Thymus vulgaris*	V–IX	rosa oder weiße Blüte; ein sehr magerer Standort verbessert das Aroma
Ysop	*Hyssopus officinalis*	VII–X	schöne blauviolette Blüte
Mittlerer Bereich (mäßig trockener Standort, Erde reicher an Nährstoffen)			
Basilikum	*Ocimum basilicum*	VI–IX	weiße Blüte
Borretsch	*Borago officinalis*	VI–IX	nektarreich; alle Teile einschließlich Blüten essbar
Buchweizen	*Fagopyrum esculentum*	VII–IX	alte Nutzpflanze
Fenchel	*Foeniculum vulgare*	VI–VIII	sehr nektarreich
Koriander	*Coriandrum sativum*	VII–VIII	weiße bis zartrosa Doldenblüten
Minzen	*Mentha*-Arten	VI–VIII	in vielen Formen und Farben erhältlich; über Wurzelausläufer stark ausbreitend
Oregano	*Origanum vulgare*	VII–IX	mehrjährig; ausdauernd rosa blühend
Zitronen-Melisse	*Melissa officinalis*	VI–VIII	gelbe Blüte; zitronig duftende Blätter

Fortsetzung: Bienenfreundliche Würzkräuter für die Kräuterspirale			
Deutscher Name	Botanischer Name	Blütezeit	Anmerkungen
Unterer Bereich (frischer, feuchter Boden, reich an Nährstoffen)			
Brunnenkresse	*Nasturtium officinale*	V–VIII	braucht einen sehr nassen Standort, bevorzugt Schatten; hoher Vitamin-C-Gehalt
Dill	*Anethum graveolens*	VII–VIII	gelbe Doldenblüten
Liebstöckel	*Levisticum officinale*	VI–VIII	auch als „Maggi-Kraut" bekannt
Schnittlauch	*Allium schoenoprasum*	V–IX	alle Lauch-Arten sind eine hervorragende Bienenweide; sehr Vitamin-C-reich

eignen sich Leinensäcke oder etwas Kokosmatte (aus dem Teichbau), die als Streifen an einem Ende in das Wasserbecken hängen, am andern in die Spirale führen, wo man sie mit fetter Komposterde bedeckt. Der restliche Rand des Wasserbeckens muss aber gegenüber der Erde sorgfältig abgedichtet werden (z. B. durch einen senkrecht aufgestellten Teichfolienrand), damit das Wasser nicht vom umgebenden Erdreich herausgesaugt wird.

Füllung

Die Spirale wird nun innen aufgefüllt. Im Innenbereich verwendet man dazu zunächst einfaches Füllmaterial wie Bauschutt und den Aushub des Kiesbettes, darauf kommt der eigentliche Pflanzboden. Hierfür verwendet man sorgfältig zusammengestellte Bodenmischungen: an der Basis (dem Beginn der Spirale, direkt am Wasserbecken) Kompost, der nach oben aufsteigend allmählich mit normaler Gartenerde

abgemagert wird. Diese Mischung sollte gut 30 cm dick aufgebracht werden, um ausreichend Wurzelraum für die Pflanzen zu schaffen.

Der trockenste Bereich in der Mitte der Spirale liegt am höchsten und erhält Sand mit Gartenkalk-Beimischung als Pflanzboden. Die Spirale wird gut bis zum Rand gefüllt, da die Erde nach einigen Regengüssen zusammensackt; erst wenn das geschehen ist, kann mit der Bepflanzung begonnen werden.

Bepflanzung

Empfehlenswerte Kräuter und ihre wichtigsten Eigenschaften können Sie, nach Standorten geordnet, der Tabelle entnehmen. Allerdings bedeutet der Name „Kräuterspirale" nicht zwingend, dass man sich auf essbare Küchenkräuter beschränken müsste. Auch viele andere Stauden finden hier einen idealen Platz. Achten Sie aber darauf, dass keine giftigen oder unbekömmlichen Gewächse darunter sind, damit es nicht zu folgenschweren Verwechslungen kommt!

Die Steinritzen und -fugen der Spirale können Sie sehr gut mit Fetthennen-Arten (*Sedum*) bepflanzen. Diese dauerhaften, langsam wachsenden Pflanzen kommen mit wenig Erde und Wasser aus und blühen farbenprächtig, was zahlreiche Wildbienen anlockt. Wer überbordende Blumenpracht liebt, kann zu Polsterstauden greifen, die nahe an die Steinkanten gesetzt werden, wie Grasnelken, Moossteinbrech und Blaukissen. Alle blühen umso reichhaltiger, je magerer der Standort ist; sie empfehlen sich also für den oberen Bereich der Spirale (siehe auch Tabelle Steingartenpflanzen, Seite 88).

Die bei Hummeln besonders geschätzte Kapuzinerkresse benötigt einen nährstoffreicheren, feuchteren Boden und bietet sich daher für die untere, sonnenabgewandte Seite der Spirale an. Sie kann allerdings sehr mächtig werden und empfiehlt sich deshalb eher für größere Spiralen.

Gartenpflege, die gut tut

Ein Garten wird zum Lebensraum für Wildbienen nicht nur durch die richtige Anlage, sondern auch durch eine Gartenpflege, die immer auch die Bedürfnisse der Tiere im Auge behält.

Viele der interessanten kleinen Untermieter fallen im Garten nicht auf und werden dadurch leicht zu Opfern von übereifriger Grünpflege. Da werden Komposthaufen umgesetzt, in denen Hummeln nisten, verkahlte Rasenflächen mit Wildbienenkolonien umgegraben oder durch massives Wässern überschwemmt, Totholzhaufen abgetragen und die darin versteckten Wildbienennester vernichtet. Viele dieser Aktivitäten muss man nicht ganz unterlassen – sie sollten nur zur rechten Zeit passieren, um die Kreise der Wildbienen nicht zu stören.

Weniger ist mehr!

Ein wildbienenfreundlicher Garten ist auch ein menschenfreundlicher Garten, denn für die Wildbienen erreicht man sehr viel durch – bleiben lassen!

Zum Beispiel: Aufräumen. Viele Wildbienen brauchen für den Nestbau gerade Stellen, die dem eifrigen Gärtner ein Dorn im Auge sind: verkahlte Rasenstellen, Pflasterritzen, vernachlässigte Balkonkästen … Auch in verschwiegene Winkel eingewehtes Laub oder Grasschnitt ist für manche Hummelarten sehr interessant, die oberflächennahe Nester in Laubhaufen oder moosgefüllten Senken bauen, wie zum Beispiel die Ackerhummeln (*Bombus pascuorum,* Seite 147). Sehen Sie großzügig über diese „Unordnung" hinweg! Sie haben in Ihrem Garten nährstoffarme, trockene Stellen mit nur spärlichem Bewuchs? Dann versuchen Sie nicht, sie mit großem Aufwand an Arbeit, Dünger und Wasser „aufzuwerten". Freuen Sie sich stattdessen über diesen idealen Platz für Wildbienennester!

Und auch wenn die farbenprächtigen Neuheiten im Gartencenter locken: Lassen Sie besser die alten Stauden stehen. Viele Mehrjährige entwickeln erst nach einigen Jahren blütenreiche Polster, vor allem, wenn der Boden anfangs noch zu nährstoffhaltig war.

Heidekraut ist eine gute Nektarpflanze und gedeiht auf sandigem Boden, der bei vielen Wildbienen beliebt ist.

Ein Herz für Wildbienen

Sie können aber in der Gartenpflege auch aktiv etwas für Wildbienen tun. Das Nektar- und Pollenangebot können Sie steigern, wenn Sie Blüten und Blütenstände unmittelbar nach der Blüte abschneiden. Dadurch wird die Blütezeit verlängert, teils auch eine zweite Blüte ausgelöst. Gutes und regelmäßiges Wässern gerade im Hochsommer sorgt für guten Nektarfluss, der sonst bei Trockenheit versiegt.

Wenn Sie besonnte, sandige Flächen bewusst von höherem Bewuchs freihalten, schaffen sie damit Raum für den Nestbau. Beste Grundlage dafür ist eine lockere Bepflanzung mit langsam und niedrig wachsenden Arten, wie Heidepflanzen (*Calluna*-Arten) oder *Sedum*-Arten, die nur wenig Wasser brauchen und auch sonst sehr genügsam sind. Sie müssen lediglich schnellwüchsige Konkurrenten wie etwa Gräser gelegentlich entfernen. Lassen Sie die Flächen aber ansonsten unberührt und verzichten Sie auf flächendeckendes Wässern.

Herbstputz mit Augenmaß

Im Herbst wird in den meisten Gärten „aufgeräumt": Bäume und Sträucher werden zurückgeschnitten, Falllaub weggefegt, vertrocknete Stängel von abgeblühten Stauden entfernt. Im naturfreundlichen Garten sollte dieses „Großreinemachen" jedoch behutsam und vor allem zeitlich gestaffelt geschehen, das heißt es wird nicht an einem „Kampftag" alles abgeschnitten und weggeharkt. Abgeblühte Stängel sollten sogar erst im Frühjahr abgeschnitten werden, um sie als Überwinterungsplatz zu erhalten.

Wenn sie aber doch schon im Herbst geschnitten werden sollen: Werfen Sie abgeblühte Stauden und vor allem Brombeer- und Himbeertriebe nicht einfach in den Häcksler, denn in solchen markhaltigen Stängeln überwintern oft Wildbienen und andere Insekten oder deren Brut. Lagern Sie die abgeschnittenen Triebe stattdessen an einem trockenen Standort im Garten oder bereichern Sie Ihre Wildbienen-Nistwand damit – und zwar senkrecht ausgerichtet, das kommt der natürlichen Lage am nächsten.

Vorsicht auch beim Umgraben: Gerade Stellen, an denen im Sommer reger Wildbienen-Flugverkehr herrschte, werden in der kalten Jahreszeit von Solitärbienen und -wespen auch gern zum Überwintern der Brut genutzt. Manche Arten nisten nur wenige Zentimeter tief im Boden, durch Umgraben werden ihre Nester zerstört.

Kompost und Totholz sollten im Frühherbst zwischen September und Oktober umgesetzt werden. Zu dieser Zeit können eventuelle vertriebene Wintergäste sich noch nach einer neuen Bleibe umschauen.

Spritzen muss nicht sein!

Zum bienengerechten Gärtnern gehört auch der Verzicht auf chemische Spritzmittel, ob gegen „Unkräuter", tierische Schädlinge oder Pflanzenkrankheiten durch Viren, Pilze und Bakterien. Selbst Mitteln, die vom Hersteller als „bienenungefährlich" bezeichnet werden, ist zu misstrauen. Auf alle Fälle sollte man auch „bienenungefährliche" Mittel niemals tagsüber und während der Blütezeit einsetzen.

Mischkultur im Gemüsebeet hilft auf natürlichem Weg bei der Schädlingsbekämpfung.

Die beste Grundlage für gesunde Zier- und Nutzpflanzen ist eine möglichst große Artenvielfalt bei den Gartenbewohnern, denn damit steigt die Zahl der Gegenspieler, die Schädlinge im Zaum halten können. Gerade unter den solitären Wespen gibt es viele Arten, die gezielt gegen Schädlinge eingesetzt werden können. Der Name „Blattlaus-Grabwespe" (*Pemphredon*) verrät schon das bevorzugte Beutetier dieser Art. Schlupfwespen sind natürliche Gegner von Obstbaumschädlingen wie dem Apfelblütenstecher. Diese „Nützlinge" können Sie fördern, indem Sie geeignete Nistmöglichkeiten bereitstellen.

Vielfalt ist auch bei der Bepflanzung von Nutzen. Monokulturen, wie zum Beispiel reine Rosenbeete oder Rasenflächen, sind sehr viel anfälliger für Mangelerscheinungen, Schadinsekten und andere Krankheiten. Darüber hinaus kann man sich die Wechselwirkungen zwischen verschiedenen Pflanzen und Tieren gezielt zu Nutze machen. So wird das Pflanzen von Lavendel zwischen Rosen empfohlen, da er Blattläuse abwehren soll. Knoblauch (dessen Blüte im Übrigen auch besonders wildbienenfreundlich ist), zwischen Erdbeeren oder Obstgehölze gepflanzt, wird als Mittel gegen Pilze und bakterielle Erkrankungen empfohlen. Pflanzt man Kapuzinerkresse in die Baumscheiben, dann zieht sie die Blattläuse an und hält sie dadurch von Obstgehölzen fern.

Inzwischen gibt es auch viele Züchtungen, die gegen häufige Krankheiten resistent sind. Informieren Sie sich am besten schon vor dem Kauf, welche Krankheiten oder Schädlinge der gewünschten Pflanze besonders zusetzen und ob es resistente Alternativen gibt.

Gegen Schadinsekten gibt es darüber hinaus auch ungiftige und lokal wirksame Mittel, wie Fallen mit Lockstoffen, Leimringe, Gelbtafeln und anderes mehr. Viele Pflanzenkrankheiten lassen sich auch durch ganz einfache Pflegemaßnahmen eindämmen, wie Rückschnitt oder Laubfegen unter befallenen Gehölzen. Ausdauerndes Bewässern mit Flächenberegnern am Abend hingegen fördert bestimmte Pilzkrankheiten an Obstbäumen, weil die Blüten dann länger zum Abtrocknen brauchen. Besser ist Wässern am Morgen, gezielt an den Baumscheiben.

Eine gute Nährstoffversorgung stärkt das Abwehrsystem betroffener Pflanzen, wobei natürliche Düngemethoden wie Untermengen von Kompost oder Kalk zu bevorzugen sind. Auch das Mulchen ist eine bewährte Methode. Man sollte das klein gehäckselte Schnittgut jedoch mit Erdreich vermischt untermengen und nur sparsam einsetzen.

Und wenn trotz allem die Obst- oder Gemüseerträge aus Ihrem ungespritzten Garten einmal bescheidener ausfallen, dann trösten Sie sich damit, dass Sie nicht nur der Natur etwas Gutes getan haben, sondern Ihre verbliebene Ernte dafür auch garantiert giftfrei ist.

Verlockende Blüten in Kästen und Kübeln

Wildbienenfreundliches Gärtnern ist auch auf kleinstem Raum möglich: auf Balkon, Terrasse, sogar auf dem Fensterbrett. Balkonkästen und Kübelpflanzen werden von Wildbienen ebenso gern besucht wie freistehende Gewächse – sofern man die richtigen Pflanzen auswählt.

Pflanzgefäße sind allerdings, vor allem in Südlage, sehr extreme Standorte; auf höher gelegenen Balkonen kommt noch verstärkter Wind hinzu. Die geringe Bodenmenge trocknet leicht aus. Ausdauerndes Gießen ist deshalb unverzichtbar – es sei denn, man hat eine Bepflanzung gewählt, die auch mit trockenen, kargen Standortbedingungen gut zurechtkommt. Als Wildbienen-Nistplatz sind klassisch mit Pelargonien und Stiefmütterchen bepflanzte Balkonkästen im Sommer daher völlig ungeeignet. Anders sieht es im Frühjahr aus, wenn die Balkonkästen ausgetrocknet sind. Hier ist Wachsamkeit geboten, wenn der Balkongärtner die Ärmel hochkrempelt, um die Balkonkästen zu leeren und neu zu befüllen. Es könnte passieren, dass er dabei unwissentlich ganze Wildbienenkolonien mit entsorgt.

Balkonkästen einmal anders

Alljährlich zum Frühlingsanfang überbieten sich die Gartencenter mit ihren Angeboten für die Balkonbepflanzung – stiegenweise Stiefmütterchen, Petunien und Begonien, „Hängegeranien" (eigentlich Pelargonien) und Primeln locken in immer neuen Farben, ganz nach dem Ideal der überbordenden Blütenpracht. Die meisten „Klassi-

ker" auf deutschen Balkonen sind allerdings bei Wildbienen gar nicht beliebt. Selten wird man an ihnen Hummel- oder Bienenbesuch beobachten können, da es sich meist um stark überzüchtete Sorten handelt, denen womöglich sogar die Nektar und Pollen produzierenden Blütenteile fehlen. Mit dieser Züchtung wird eine besonders ausdauernde Blüte erreicht, denn in der Regel verwelken Blüten nach der Bestäubung; der Bienenbesuch ist bei diesen Blüten also unerwünscht!

Es gibt aber viele bienenfreundliche Gartenstauden und Einjährige, die auch auf dem Balkon kultiviert werden können und bei geschickter Auswahl den ganzen Sommer über für Farben

Ein bunter Balkonkasten, der einige bienentaugliche Arten wie Verbene und Wandelröschen enthält.

Der Duftsteinrich Lobularia maritima gehört ebenfalls zu den gut besuchten Balkonblumen.

Torf – nein danke

Oft enthalten Blumenerden über 50 Prozent Torf. Dieser sollte aber weder im Garten noch auf dem Balkon verwendet werden, denn das sehr nährstoffarme und säurehaltige Material wird unter Zerstörung von Moorflächen gewonnen. Außer einer gewissen Wasserspeicherfähigkeit hat es in der Blumenerde keinerlei Funktion. Achten Sie also beim Kauf darauf, dass Sie zum Befüllen Ihrer Pflanzgefäße ein torffreies Produkt verwenden.

und Bienenbesuch auf dem Balkon sorgen. Einige bewährte Beispiele sind in der Tabelle zusammenstellt; alle sind in Gartenfachmärkten problemlos erhältlich.

Blütenpracht im Schatten

Kästen in schattiger oder halbschattiger Lage sollten mit eher nährstoffreichem, frischem Boden befüllt werden. Empfehlenswerte Pflanzen sind Glockenblumen, Storchschnabel, Tränendes Herz, Lerchensporn, Fuchsien, Nachtviole, Wiesen-Platterbse, Kaukasischer Beinwell, Jakobsleiter, Wald-Ziest und Taubnesseln. Sie alle bieten eine lang anhaltende und bei Hummeln und Wildbienen gleichermaßen beliebte Blütenpracht.

Das kulinarische Plus: Der Kräuterkasten

Wenn Sie auf Balkon oder Terrasse viel Sonne haben und gerne mit frischen Kräutern kochen, dann ist ein Kräuterkasten genau das Richtige für Sie –

Der Zwiebelkasten – Frühlingsweide für Bienen

Bereits im Herbst kann man mit der Anlage eines Zwiebelblumenkastens beginnen. In die frische Erde steckt man Blumenzwiebeln etwa von Winterling, Krokus, Blausternchen (*Scilla*), Schneeglanz, Narzisse oder Traubenhyazinthe. Vom März bis in den Mai des Folgejahres wird dieser Kasten dann farbenfroh erblühen und verlässlich Bienen anlocken.

und für Ihre Wildbienengäste. Sie müssen nur bei der Ernte ein paar Triebe aussparen und zur Blüte kommen lassen, dann können Sie mit regem Besuch von Hummeln, Bienen und auch Schmetterlingen rechnen.

Voraussetzung ist neben reichlich Sonne eine eher trockene, kalkhaltige Blumenerde. Viele Fertigmischungen sind zu nährstoffreich – sie müssen mit Kalk und Sand „abgemagert" werden. Torfhaltige Blumenerde ist niemals wünschenswert, am wenigsten aber für

Bienenfreundliche Balkonblumen

Deutscher Name	Botanischer Name	Blüte-zeit	Standort	Anmerkungen
Einjährige				
Fächerblume	*Scaevola saligna*	VI–X	sonnig, halbschattig	blauviolette Blüte; für Bienen aller Art
Kapuzinerkresse	*Tropaeolum minus* und *T. majus*	VII–X	sonnig, halbschattig	Blüte gelb oder orange; von Hummeln sehr geschätzt
Männertreu	*Lobelia erinus*	V–X	sonnig, halbschattig	weiße, blaue und rosa Blüte
Portulakröschen	*Portulaca grandiflora*	VI–VIII	sonnig, trocken	viele Blütenfarben; von Bienen geschätzt
Ringelblume	*Calendula officinalis*	VI–X	sonnig	Blüte gelborange; wird von Wildbienen besucht
Verbene	*Verbena-Hybriden*	V–X	sonnig, halbschattig	auch für Schmetterlinge besonders attraktiv
Zweizahn-Goldmarie	*Bidens ferulifolia*	VI–IX	sonnig	reiche gelbe Blüte; gute Ampelpflanze
Mehrjährige				
Dahlien	*Dahlia*-Arten	VII–X	sonnig	viele Farben erhältlich; nur ungefüllte Sorten verwenden; Knollen frostfrei überwintern
Fuchsien	*Fuchsia*-Arten	V–X	schattig, halbschattig	zweifarbige Blüte; nur ungefüllte Sorten verwenden; begrenzt winterhart; beliebt bei Hummeln
Goldlack	*Erysimum cheiri*	V–VI	sonnig, halbschattig	etwas frostempfindlich; für Schmetterlinge und Hummeln
Löwenmäulchen	*Antirrhinum hispanicum*	VII–X	sonnig	viele Farben; Rückschnitt nach der Blüte, dann treibt es oft über Jahre immer wieder aus; für Hummeln geeignet
Vanilleblume	*Heliotropium arborescens*	V–X	sonnig, braucht viel Wasser	violette Blüte; muss frostfrei überwintert werden; auch für Kübel geeignet
Wandelröschen	*Lantana camara*	VI	sonnig, braucht viel Wasser	Blüte gelb, orange, rosa, rot; muss frostfrei überwintert werden; auch für Kübel geeignet

den Kräuterkasten – hier beschert sie den Kräutern allenfalls ungesund nasse Füße.

Bei der Pflanzenauswahl kann man auf die im Kapitel „Kräuterspirale" (Seite 92) genannten Kräuter für den oberen und mittleren Standortbereich zurückgreifen. Insbesondere Lavendel, Rosmarin, Minze-Arten, Salbei und Thymian eignen sich für die oft sehr trockenen und warmen Balkonstandorte. Basilikum, Schnittlauch und Oregano sind ebenfalls schöne und wohlschmeckende Gewürzpflanzen, die aber im stark besonnten Balkonkasten sehr oft und regelmäßig gewässert werden müssen.

Leider sind viele mediterrane Gewürzpflanzen nur sehr eingeschränkt winterhart, zumal die Erde im Balkonkasten schnell durchfriert. Überwintern kann der Kräuterkasten an einem kühlen, aber hellen und frostfreien Standort (zum Beispiel an einem hellen Kellerfenster) bei sparsamen Wassergaben.

Blüten im Winter: der Heide-Kasten

Vom Spätsommer bis in das zeitige Frühjahr bringt ein Heide-Kasten Farbe auf den Balkon. Diese Pflanzen mögen es sonnig und recht trocken. Sie brauchen einen eher kalkfreien und sauren Boden, der sich aus einer Mischung von Sand, Rindenmulch und spezieller Tannenerde herstellen lässt. Als Pflanzen eignen sich Winter-Heide, Schnee-Heide und Besenheide. Die schöne Irische Glockenheide (*Daboecia cantabrica*) ist leider nicht winterhart.

Leider sind viele Heidezüchtungen inzwischen nur noch als Knospenblüher erhältlich, deren Blüten zwar schön kräftig gefärbt sind, sich aber nicht mehr öffnen, so dass Insekten buchstäblich „außen vor" bleiben. Suchen Sie am besten den Gartenfachmarkt bei schönem Wetter auf – Sie können dann unmittelbar beobachten, ob sich Bienen an den Heideblüten einfinden. Die Heidepflanzen sollten auch im Winter gegossen werden, damit sie am Jahresanfang eine schöne Blüte zeigen.

Miniatur-Steingarten

Wenn es Ihnen mehr auf Blütenpracht als auf Würze ankommt, können Sie den Kräuterkasten auch als Steingartenkasten gestalten. Mauerpfeffer, Blaukissen, Felsen-Steinkraut, Schleifenblume, Duftsteinrich, Purpurglöckchen und Sandglöckchen – um nur eine Auswahl zu nennen – bilden überhängende, üppige Blütenteppiche, auf die Bienen nur so fliegen (siehe auch Tabelle Steingartenpflanzen, Seite 88).

Die Winterheide Erica carnea eignet sich auch gut für den Balkonkasten.

Ein kulinarisches Paradies für Mensch und Biene.

Das Wandelröschen wird gerne besucht, hier von einer Honigbiene.

Diese Hummel nimmt ein Bad im Hibiskus-Blütenstaub.

Gehölze im Pflanzkübel

Wer auf Balkon oder Terrasse ausreichend Platz hat, kann in Pflanzkübeln auch Gehölze kultivieren. Eine bienenfreundliche Artenwahl sind hier zum Beispiel dekorativ blühende Hochstämmchen oder klein und kompakt wachsendes Spalierobst. Auch Weiden sind für die Kübelpflanzung geeignet, besonders attraktiv sind hier Hochstämmchen mit ihren überhängenden Weidenruten. Ein ideales immergrünes Gehölz für den Formschnitt ist Buchsbaum, er sollte aber erst nach der Blüte geschnitten werden.

Da die Pflanzen in Kübeln nur wenig Boden zur Verfügung haben, muss häufiger gewässert und gedüngt werden als im Garten. Auch empfiehlt es sich, alle zwei bis drei Jahre umzutopfen, wobei man den Boden möglichst vollständig austauscht.

Gerade in langjährig bepflanzten Kübeln mit fester Erde finden sich nicht selten bodennistende Wildbienen ein. Werden die Kübelpflanzen dann zum frostfreien Überwintern ins Haus geholt, können die Bienen vorzeitig

Bienenfreundliche Exoten im Pflanzkübel

Die Engelstrompete ist eine großblumige, auch für Wildbienen attraktive Pflanze, die jedoch sehr viel Wasser benötigt und äußerst giftig ist. Ein geringeres Risiko geht man mit der Vanilleblume ein, die bei magerem Boden viel Licht und Wasser braucht. Zitrusgehölze, Oleander und Wandelröschen werden auch gerne von Bienen besucht. Sie mögen es ebenfalls hell, schätzen aber nährstoffreichen Boden.

schlüpfen. Frostsichere Gehölze sind daher vorzuziehen. Wer es dennoch exotisch mag, kann aber auch hier bienenfreundliche Alternativen finden (siehe Infokasten). Die Topfoberfläche dieser Pflanzcontainer sollte vorsorglich mit Rindenmulch oder groben Kieselsteinen abgedeckt werden, um Wildbienen – zu ihrem eigenen Besten – fernzuhalten. Zudem schützt die Abdeckung den Boden vor Wind und Sonne und hält ihn länger feucht.

Wildbienenschutz in Stadt und Land

Auch jenseits des eigenen (Garten-) Horizontes gibt es eine Fülle von Möglichkeiten, für Wildbienen und ihre Verwandtschaft aktiv zu werden.

Achten Sie nur einmal darauf: Städte und Siedlungen sind voll von Orten mit offener Erde, wo Pflanzen wachsen oder wachsen könnten. Sie alle sind auch mögliche Plätze für Wildbienen. Nicht nur Parks und öffentliche Grünflächen an Schulen und Behörden, auch Verkehrsinseln, Baumscheiben und Brachflächen können zur Bienenweide werden.

Bringen Sie die Stadt zum Blühen!
In jeder Stadt gibt zahlreiche Brachen und ungenutzte Flächen, die aus verschiedensten Gründen einfach so daliegen und weder bepflanzt noch gepflegt werden – sei es aus Geldmangel oder weil sie auf eine spätere Nutzung, etwa für Haus- oder Straßenbau, warten. Aus Kosten- und Haftungsgründung bleiben auch Baumscheiben unbepflanzt – wer sollte die teure Pflege bezahlen?

Doch das muss nicht so sein. In den letzten Jahren haben sich vor allem in grünarmen Innenstadtbezirken Bürgerbewegungen gebildet, die sich solcher Flächen annehmen. Stadtteilverbände organisieren Baumscheibenpatenschaften für Menschen, die sich ganz individuell um einen Straßenbaum und seine Wurzelfläche kümmern wollen. Die freiliegenden Baumscheiben bieten sich für viele hoch wachsende Stauden an – Stockrosen mit ihren großen, farbenprächtigen Blüten, Kletterrosen und niedrige Ge-

wächse wie der duftende Lavendel sorgen für ein farbenfrohes Naturspektakel am Wegesrand. In manchen Bezirken finden sogar Wettbewerbe statt, bei denen die schönsten Baumscheiben gekürt werden.

Brachliegende Flächen lassen sich ab Anfang Mai einfach beim Drüberspazieren mit einem Tütchen „Tübinger Bienenweidemischung" (Seite 74, Bezugsquellen siehe Anhang) oder einer anderen Wildblumenmischung zum Blühen bringen. Weidenstecklinge, im Winter geschnitten, können Sie beim Spaziergang an den Ufern von Kanälen, Flüssen und Seen in den Boden stecken und so triste Gewässerränder in wertvolle Bienenweiden verwandeln.

Berücksichtigen Sie dabei aber immer, dass die Verkehrssicherheit Vorrang hat und bereits bestehendes Grün keinen Schaden nehmen darf. Entfernen Sie also keine bestehende Bepflan-

Guerilla-Gardening

Das sogenannte Guerilla-Gardening kam in den siebziger Jahren auf und wurde mit einer Aktion in London im Jahr 2000 weltweit bekannt. Es klingt gefährlicher, als es ist: In „Nacht-und-Nebel-Aktionen" werden freie Flächen bepflanzt, „Samenbomben" aus Erde, Ton und Samen vom fahrenden Rad aus auf Verkehrsinseln geworfen oder unauffällig fallen gelassen – und auf diese Weise städtische Brach- und Verkehrsflächen für das grünende, blühende Leben „erobert".

zung. Bringen Sie auch keine Gewächse aus, die stark giftig sind oder bestehende Bauten oder Anpflanzungen gefährden könnten. So ist es beispielsweise nicht ratsam, stuckgezierte Altbauten mit Efeu oder Wein zu begrünen, da die Pflanzen den Stuck absprengen können.

Alle sind gefragt

An Schulen und Kindergärten besteht für Eltern oft die Möglichkeit, bei der Gestaltung der Gartenanlagen ihre Ideen einzubringen und umzusetzen. Wie wäre es einmal mit einem selbst gebauten „Wildbienenhotel"? Die Kinder können viele der Nisthilfen mit etwas Anleitung selbst herstellen, und die anschließende Beobachtung der

Wildbienen ist für sie ein besonderes Naturerlebnis.

In öffentlichen Grünanlagen gibt es viele Anlässe, die Interessen der Wildbienen – und damit einer vielfältigen Natur – zu Gehör zu bringen. Zum Beispiel wird bei der Bepflanzung von Parkanlagen, Friedhöfen und anderen öffentlichen Grünflächen noch viel zu oft auf die falschen Gehölze gesetzt. Dabei gibt es zahlreiche Alternativen zu Wacholder, Thuja, Falschem Jasmin und Konsorten.

Ein zweites Problem ist die Pflege. Leider werden viele Parkanlagen alle paar Jahre mit der Kettensäge und der Heckenschere kostengünstig „gepflegt", indem man die Sträucher auf den Stock setzt, also knapp über dem

Alle packen an: Ein Schulgarten ist eine schöne Möglichkeit, Kindern die Natur zu vermitteln.

Boden „abrasiert". Solche Aktionen führen zu einem blütenarmen Jahr. Insbesondere die früh blühenden Gehölze bilden ihre Blüten in der Regel am vorjährigen Holz, das durch den radikalen Rückschnitt verloren geht.

Hier hilft hier nur der Protest aufmerksamer Parkbesucher – schreiben Sie an die zuständige Behörde und machen Sie auf solche Missstände aufmerksam. Durch öffentliche Wortmeldungen aufmerksamer Bürger – vor allem, wenn Sie sich mit Gleichgesinnten zusammentun – lässt sich etwas bewegen.

Bienenschutz beim Einkaufen

Zu guter Letzt: Tragen Sie auch durch Ihr Konsumverhalten zu einer bienengerechten Umwelt in Stadt und Land bei. Mit dem Kauf von Bio-Produkten, insbesondere von Anbauverbänden wie Bioland oder Demeter mit ihren besonders strengen Regelungen, fördern Sie die naturfreundliche Landwirtschaft – und werden obendrein mit hochwertigen Produkten ohne Pestizidbehandlung belohnt.

Kaufen Sie Ihren Honig beim lokalen Imker und nicht den Import-Honig vom Discounter – sie fördern so die Bienenhaltung und damit die einheimischen Bestäuber.

Und schließlich: Unterstützen Sie Vereine und Initiativen, die sich um naturnahe Garten- und Landschaftsgestaltung bemühen, mit Engagement oder Spenden – die Wildbienen werden es Ihnen mit summenden Gärten und Balkonen danken!

Reden Sie mit!

Bei der Gestaltung oder Umgestaltung der Außenanlagen von großen Miet- und Eigentumswohnanlagen wird oft nur anhand des Preises entschieden, was gepflanzt und wie es gepflegt wird. Reden Sie mit! Hinterfragen Sie Bepflanzungspläne, informieren Sie über naturfreundliche Lösungen und fordern Sie beispielsweise den Verzicht auf Züchtungen mit gefüllten Blüten und unnötiges Mähen. Lassen Sie sich zu den Gestaltungsplänen der Verwaltung von Einrichtungen wie dem „Netzwerk Blühende Landschaft" beraten (Adresse siehe Seite 182).

Bienen, Hummeln und Wespen bestimmen und schützen

Lebensweise

Sozial: „Insektenstaat" mit Arbeiterinnen.

Solitär: ein Weibchen baut und versorgt sein Nest alleine.

Parasitisch: Weibchen legt die Eier in die Nester anderer Bienen bzw. Wespen.

Flugzeit

Zeit, in der die voll entwickelten Tiere beim Nestbau und Blütenbesuch beobachtet werden können.

Nisthilfe/Nistort

Mögliche Nisthilfen bzw. typische Orte, an denen die Tiere Nester bauen.

 solitär | VI–VIII | Gangnisthilfen

Maskenbiene

Hylaeus nigritus

Merkmale: Diese etwa 7–9 mm große Wildbiene gehört zu einer Gruppe von rund 45 heimischen Arten, die kaum voneinander zu unterscheiden sind. Allen gemeinsam sind ein schwarzer, unbehaarter Körper und die arttypische helle Gesichtszeichnung (Maske) der Männchen. Kennzeichen der hier vorgestellten Masken-bienen-Art sind zwei elfenbeinfarbene Striche unter den Augen und zwei weiße Flecken am Flügelansatz.

Lebensraum: Steinbrüche, Sand- und Lehmgru-ben, Weinberge, Garten- und Parkanlagen; auch im Siedlungsbereich.

Nistort: Steilwände, Abbruchkanten, Gesteins-risse, Totholz.

Flugzeiten: Eine Generation im Jahr zwischen Juni und August.

Futterpflanzen: Die Art ist spezialisiert auf Korbblütler und kann vor allem auf Rainfarn, Margerite, Färberkamille, Wiesenschafgarbe und Goldgarbe beobachtet werden.

Biologie: Maskenbienen bauen ihre Brutzellen aus körpereigenen Sekreten, die an der Luft zu einem seidigen Gewebe erstarren. Sie können dadurch auch unregelmäßig geformte oder seit-lich offene Nistgelegenheiten nutzen (z. B. durch Trocknungsrisse aufgebrochene Bohrlöcher in Nisthilfen). Pollen-Transporteinrichtungen sind nicht vorhanden, Pollen und Nektar werden von den Bienen verschluckt und der Brei in der Brut-zelle wieder ausgewürgt. Die Larven überwintern als Ruhelarven, Verpuppung und Schlupf erfol-gen im Jahr darauf.

Parasiten: Diese Wildbiene wird von Schmal-bauchwespen parasitiert.

 solitär
 VI–VIII
 Gangnisthilfen aus Ton, Lehmblock

Gemeine Seidenbiene

Colletes daviesanus

Merkmale: Die 7–9 mm großen Bienen sehen mit ihrem braunen Brustpelz und dem Streifenmuster auf dem Hinterleib aus wie kleine Honigbienen (siehe Seite 140). Allerdings ist ihr Hinterleibsende deutlich zugespitzt, und die Männchen haben einen grauen Brustpelz. Es gibt mehrere nahe verwandte und sehr ähnliche Arten, die jedoch weniger häufig sind und (mit Ausnahme von *C. similis*) ihre Nester ausschließlich im Boden errichten.

Lebensraum: Überall verbreitet – an Steilwänden, in Lehm- und Sandgruben, kommt aber auch im Siedlungsbereich vor.

Nistort: Verdichtete Lehm- und Sandwände, Mauerfugen, Nisthilfen aus gebranntem Ton.

Flugzeiten: Eine Generation von Anfang Juni bis Ende August.

Futterpflanzen: Die Art ist auf Korbblütler wie Kamille und Wiesen-Schafgarbe angewiesen. Nach dem Verblühen dieser Pflanzen ab etwa Mitte Juli besucht sie vornehmlich Rainfarn.

Biologie: Die Gemeine Seidenbiene besiedelt Spalten und Ritzen in senkrechten Felsformationen, gräbt jedoch auch aktiv Nistlöcher von 5–7 mm Durchmesser in feinkörnigen, weichen Putz oder Mörtel, was in früheren Zeiten gelegentlich zu Bauschäden geführt hat. Die Biene legt Liniennester aus einem seidenartig erstarrenden Sekret der Speicheldrüsen an. Aus dem gleichen Material besteht der Nestverschluss, der rund 15 mm gegenüber der Öffnung zurückversetzt ist. Die Nistgänge werden gerne wieder verwendet und dafür im folgenden Jahr zunächst geputzt.

Parasiten: Die Filzbiene *Epeolus variegatus* und die Fleischfliege *Miltogramma punctatum*.

 solitär IX–X Boden

Efeu-Seidenbiene

Colletes hederae

Merkmale: Die 8–14 mm großen Weibchen sind zu einer Zeit unterwegs, in der kaum noch Bienen fliegen. Sie ähneln in Größe und Färbung der Honigbiene, sind aber an den breiten und kräftig gefärbten Binden des Hinterleibs und der Nahrungsspezialisierung gut erkennbar.

Lebensraum: Hänge, Sandflächen, aber auch Sandkisten in der Nähe von Efeubeständen.

Nistort: Boden.

Flugzeiten: Eine Generation zwischen Mitte September bis Ende Oktober.

Futterpflanzen: Diese Seidenbiene sammelt, wie ihr Name schon vermuten lässt, gezielt an Efeu, findet vor dessen Aufblühen aber auch an Herbst-Zeitlose und Goldrute Nahrung.

Biologie: Die Efeu-Seidenbiene gräbt ihr Nest im Boden, nutzt aber auch Sandkästen. Gelegentlich kommt es dabei zur Bildung großer Nestkolonien. Die Larve überwintert als Ruhelarve, bevor dann im darauffolgenden Jahr die fertige Biene schlüpft.

Parasiten: Als Parasiten dieser Seidenbiene sind die Filzbiene *Epeolus cruciger* und der Ölkäfer *Stenoria analis* bekannt.

Info

Die Efeu-Seidenbiene wurde erst 1993 als Art erkannt. Vorher hatte man sie für die sehr ähnliche Heidekraut-Seidenbiene (*Colletes succinctus*) oder die Salz-Seidenbiene (*Colletes halophilus*) gehalten und das gezielte Sammeln am Efeu übersehen oder als „Notversorgung" interpretiert. Zudem fliegt sie, ganz untypisch für Wildbienen, sehr spät im Jahr, wenn nur noch wenige Wildbienenexperten unterwegs sind.

 solitär III–V Boden

Fuchsrote Sandbiene

Andrena fulva

Merkmale: Die 10–13 mm großen Tiere sind dicht und auf Brust und Hinterleib hübsch rotbraun behaart. Mit schwarzem Bauch und Beinen ist die Fuchsrote Sandbiene eine sehr attraktive Art, die bei flüchtigem Blick manchmal für eine Hummel gehalten wird.
Lebensraum: In sonnigem bis halbschattigem Gelände mit geringem Aufwuchs, wie Brachen, kahle Rasen- und Parkflächen oder lichte Wälder; auch im Siedlungsbereich häufig, sofern man ihr Nistmöglichkeiten im Garten einräumt.
Nistort: Boden.
Flugzeiten: März bis Ende Mai mit einer Generation. Die Männchen erscheinen Anfang März und verschwinden Ende April, die Weibchen kommen später und fliegen bis Ende Mai.
Futterpflanzen: Diese Wildbiene besucht ein weites Blütenspektrum, besonders häufig

kann man sie aber an der Johannisbeere beobachten.
Biologie: Die Fuchsrote Sandbiene siedelt manchmal in großen Kolonien im Boden (z. B. Pflasterfugen), in den sie über 50 cm tiefe Erdgänge gräbt. Der Nachwuchs schlüpft im selben Jahr und überwintert dann als fertige Biene.
Parasiten: Die Wespenbienen *Nomada signata* und *N. panzeri* parasitieren bei dieser Biene.

Info

Die massive „Unkraut"-Bekämpfung in Pflasterfugen durch Auskratzen, Feuer und Herbizide sollten Sie im wildbienenfreundlichen Garten vermeiden. Pflastern Sie stattdessen nur Bereiche, die wirklich intensiv begangen werden – dann wird allein schon durch diesen Betritt der Aufwuchs klein gehalten, und die Fugen werden wildbienenfreundlich verfestigt.

 solitär   III–V, VII–IX   Boden

Gemeine Sandbiene

Andrena flavipes

Merkmale: Die 10–14 mm große Gemeine Sandbiene ähnelt der Honigbiene (Seite 140), ist aber kleiner und zierlicher, und die Weibchen haben deutlich hellere Streifen am Hinterleib.
Lebensraum: Gärten, Parks, Sandabbrüche, Sand- und Lehmgruben, lückige Rasenflächen, Pflasterfugen; auch im Siedlungsbereich häufig anzutreffen.
Nistort: Boden.
Flugzeiten: März bis September mit zwei Generationen im Jahr: von März bis Mai und von Juli bis September.
Futterpflanzen: Diese Sandbienen-Art hat keine speziellen Vorlieben und lässt sich an verschiedensten Blütenpflanzen beobachten, an denen sie Nektar und Pollen aufnimmt.

Biologie: Die zweite Generation der Gemeinen Sandbiene überwintert im Larvenstadium und entwickelt sich erst im Folgejahr zur fertigen Biene. Die zuerst erscheinenden Männchen kreisen über den Nistgängen, bis die Weibchen hervorkommen, und verpaaren sich dann mit ihnen. Nach drei Wochen sterben die Männchen, während die Weibchen bis zu 25 cm tiefe Nestanlagen an Stellen mit trockenem, sandigem, aber nicht zu lockerem Boden errichten. Im Sommer schlüpft daraus die zweite Generation und legt dann die Brutnester an, in denen die Larven überwintern. Die Tiere können große Nestkolonien auf Rasenflächen oder in Pflasterfugen bilden; durch den regen Flugverkehr werden sie oft für „Erdwespen" gehalten.
Parasiten: Die Wespenbiene *Nomada fucata* (Seite 138) hat sich auf die Gemeine Sandbiene als Wirt spezialisiert.

 solitär III–VI Boden

Rotschopfige Sandbiene

Andrena haemorrhoa

Merkmale: Die Weibchen der 8–12 mm großen Tiere haben eine orangerote Brustbehaarung, die mit dem nur spärlich behaarten, schwarzen Hinterleib einen auffälligen Kontrast bildet. Die Hinterleibsspitze trägt eine orangerote Endfranse. Bei flüchtigem Hinschauen verwechselt man die Rotschopfige Sandbiene manchmal mit der Ackerhummel (*Bombus pascuorum*, Seite 147). Die Männchen sind schlanker und graziler; ihnen fehlt der dichte Brustpelz. Bis auf eine schüttere helle Behaarung der Brust sind sie glänzend schwarz gefärbt.

Lebensraum: Verbreitet – auf Wiesen, Trockenrasen, sandigen Heideflächen, an Dämmen, in Gärten und Parks.

Nistort: Boden.

Flugzeiten: März bis Mitte Juni mit einer Generation. Die Männchen erscheinen Mitte März und verschwinden Ende Juni, die Weibchen kommen Anfang April hervor und fliegen bis in den Juni hinein.

Futterpflanzen: Die Art ist auf keine besonderen Futterpflanzen spezialisiert und lässt sich an nahezu jeder Blütenpflanze finden.

Biologie: Die Rotschopfige Sandbiene legt wie ihre ganze engere Verwandtschaft Erdnester an trockenen, sandigen Stellen an. Hierbei bildet sie gelegentlich kleine Nestkolonien mit anderen Weibchen, doch häufiger nisten die Weibchen einzeln. Die Männchen umschwärmen auf der Suche nach Weibchen Bäume, Büsche und Futterpflanzen. Die Art ist eine der häufigsten Wildbienen, die man im Garten oder auf dem Balkon beobachten kann.

Parasiten: Ein häufiger Parasit ist die Wespenbiene *Nomada ruficornis*.

sozial | IV–VIII | Boden

Gebänderte Furchenbiene

Halictus tumulorum

Merkmale: Diese nur etwa 7 mm große Biene gehört zu den häufigsten Wildbienenarten. Mit ihrem gebänderten Hinterleib erinnert sie an eine Honigbiene, ist jedoch viel kleiner und graziler, mit feinem grauem Haarkleid. Typisches Erkennungsmerkmal der Furchenbienen ist die namensgebende Furche mit „Mittelscheitel" in der Behaarung an der Hinterleibsspitze.
Lebensraum: Verbreitet in einer Vielzahl von Landschaften; auch im Siedlungsbereich häufig.
Nistort: Boden.
Flugzeiten: Eine Generation zwischen April und August, wobei die Weibchen ab Mitte April und die Männchen ab Anfang Juli zu beobachten sind.
Futterpflanzen: Die Gebänderte Furchenbiene hat keine speziellen Futterpflanzen.

Biologie: Wie die meisten Furchenbienen bildet auch diese Art einfache Sommerstaaten und ähnelt darin den Hummeln. Das begattete Weibchen überwintert und baut dann im nächsten Jahr ein Bodennest in bis zu 60 cm Tiefe. Es besteht aus miteinander verbundenen Kammern, in denen die Mutterbiene Pollen und jeweils ein Ei deponiert. Dann verschließt sie die Nestanlage von innen und wartet den Schlupf der nächsten Generation ab, die aus bis zu fünf Tieren besteht. Diese etwas kleineren weiblichen Nachkommen bleiben unverpaart und unterstützen nun – ähnlich wie die Hummelarbeiterinnen – ihre Stockmutter bei der Anlage und Proviantversorgung weiterer Brutzellen. Erst aus diesen schlüpfen dann Männchen und Weibchen, die im folgenden Frühjahr zur Paarung ausfliegen.
Parasiten: Die Gebänderte Furchenbiene wird von der Blutbiene *Sphecodes ephippius* (Seite 119) parasitiert.

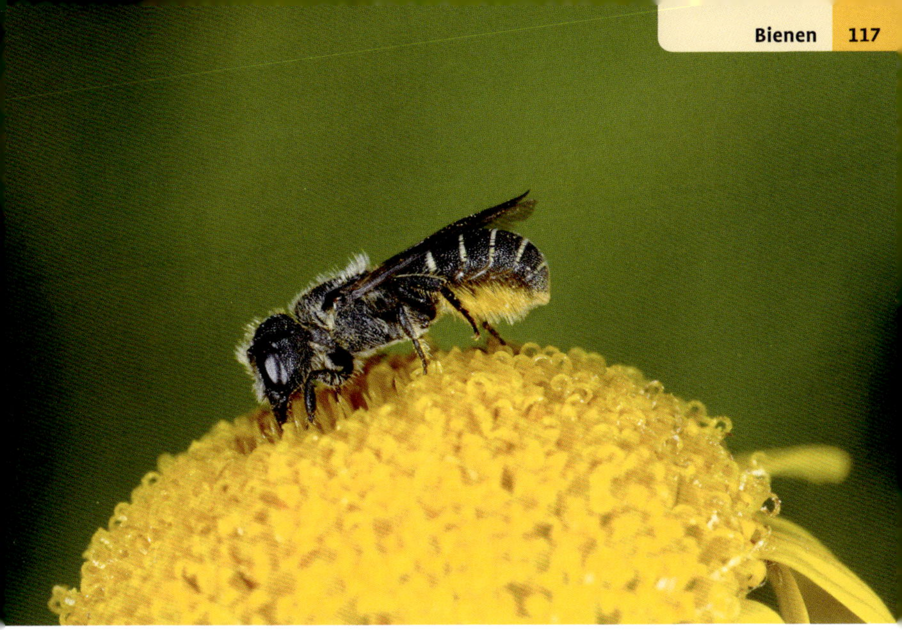

 solitär   VI–X   *Gangnisthilfen*

Gemeine Löcherbiene

Heriades truncorum

Merkmale: Diese nur 6–8 mm große Biene ist von gedrungener Statur mit schwarzem Körper und hellen Haarfransen an den Segmenten des Hinterleibs.
Lebensraum: Streuobstwiesen, Waldränder und -lichtungen, Halbtrockenrasen, Parkanlagen; kommt auch im Siedlungsbereich vor.
Nistort: Totholz aller Art, auch in Halmen oder Reet.
Flugzeiten: Eine Generation im Jahr von Juni bis Oktober.
Futterpflanzen: Spezialisiert auf Korbblütler, wie z. B. Flockenblumen, Disteln, Kamille, Rainfarn oder Schafgarbe.
Biologie: Die Art gehört zu den Bauchsammlern. In hohlen Pflanzenstängeln oder Käferfraßgängen im Totholz bauen die Weibchen Linien-nester aus bis zu 10 hintereinander liegenden Zellen. Gerne nutzen die Bienen auch bereits gebrauchte Niströhren, die sie zuvor ausgiebig putzen. Die Querwände werden aus Baumharz hergestellt, der Verschlusspfropfen besteht aus einem Gemisch von Harz und Steinchen oder Holzstückchen. Im Schnitt legt jedes Weibchen im Laufe seines etwa 4-wöchigen Lebens nur 8 Eier und benötigt pro Brutzelle etwa 34 Sammel-flüge zur Proviantversorgung.
Parasiten: Die Art wird von der Düsterbiene *Stelis breviuscula* und der Keulenwespe *Sapygina decemguttata* parasitiert.

 sozial   IV–X   Boden

Pförtner-Schmalbiene

Lasioglossum malachurum

Merkmale: Etwa 7–10 mm große, relativ dunkel gefärbte Biene mit mehr oder weniger deutlicher Bänderung des Hinterleibs. Die verschiedenen Schmalbienen-Arten sind nur schwer zu unterscheiden. Wie die Furchenbienen zeigen sie den typischen „Mittelscheitel" in der Behaarung des Hinterleibs.

Lebensraum: Lehm- und Sandflächen, Brachen, sandige Flächen mit geringem Aufwuchs; auch im Siedlungsbereich.

Nistort: Boden.

Flugzeiten: Eine Generation im Jahr zwischen April und Oktober.

Futterpflanzen: Bei der Nahrungssuche ist die Art nicht wählerisch und fliegt ein breites Spektrum an Blüten an.

Biologie: Ähnlich wie die Hummeln bildet diese Wildbiene kleine Sommerstaaten. Die Nestgründerin besiedelt ein altes Nest aus dem Vorjahr oder baut ein neues. Dazu gräbt sie einen etwa 15 cm tiefen Gang in festen, trockenen Boden, der in einer Wabe aus bis zu 8 Brutzellen mündet. Dort zieht sie eine erste Arbeiterinnengeneration heran. Diese deutlich kleineren Weibchen versorgen die Brutzellen mit Proviant und bewachen den Nesteingang. Insgesamt können 4 Arbeiterinnengenerationen entstehen, ehe dann im Spätsommer bis zu 250 Weibchen und Männchen schlüpfen. Die Eier, aus denen sich die Männchen entwickeln, stammen zu gut einem Drittel von den unbegatteten Arbeiterinnen. Nach dem Schlupf patrouillieren die Männchen entlang der Nistplätze, um sich mit den ausfliegenden Weibchen zu verpaaren. Diese überwintern dann häufig in ihrem Geburtsnest.

Parasiten: Als Parasit tritt die Blutbiene *Sphecodes monilocornis*, eventuell auch *S. puncticeps* auf.

 *Parasit* III–VI *Boden*

Blutbiene

Sphecodes ephippius

Merkmale: Die Größe der Tiere ist sehr variabel (oft werden kleine Exemplare sogar für Ameisen gehalten), nicht zuletzt deshalb sind sie nur schwer von anderen Arten dieser Gattung zu unterscheiden. Alle sind schwarz mit breiten blutroten Binden am Hinterleib und schwarzer Hinterleibsspitze. Die Art *Sphecodes ephippius* ist am besten an ihrer Wirtsspezialisierung zu erkennen.

Lebensraum: Typische Lebensräume der Sand-bienen, also offene Landschaften, Bahndämme, Trockenrasen.

Nistort: Nester ihrer Wirtsarten.

Flugzeiten: Eine Generation im Jahr, die Weib-chen fliegen zwischen Mitte März und Juni. Ihre Nachkommen sind zwischen Juli bis Oktober unterwegs, um sich zu verpaaren.

Futterpflanzen: Diese Biene ist beim Blüten-besuch nicht wählerisch und versorgt sich an verschiedenen Pflanzenarten mit Nektar.

Biologie: Die Art parasitiert ausschließlich Fur-chenbienen, wie die Schmalbienen-Arten *Lasio-glossum leucozonium* und *L. quadrinotatulum* oder die Gebänderte Furchenbiene (*Halictus tu-mulorum*, Seite 116). Die Weibchen gehen dabei ziemlich rabiat vor: Sie dringen gewaltsam in die Nestanlagen der Wirte ein, attackieren die Wäch-ter ihrer Wirtsvölker und töten die vorhandene Brut, um dann ihre eigenen Eier auf den Vorräten zu deponieren. Die aus den Eiern schlüpfenden Blutbienen verpaaren sich im Spätsommer, die Weibchen überwintern an geschützten Orten.

 solitär   VII–IX   Boden

Glockenblumen-Sägehornbiene

Melitta haemorrhoidalis

Merkmale: Diese 11–13 mm große Wildbiene hat sehr schmale helle Hinterleibsbinden und rotbraune Fransen an der Spitze des Hinterleibs. Die Brust ist mehr oder weniger deutlich gelbbraun behaart. Ein zusätzliches wichtiges Erkennungsmerkmal ist die Blütenspezialisierung, ansonsten kann man Glockenblumen-Sägehornbiene leicht mit einer Sandbiene (ab Seite 113) verwechseln. Der Name bezieht sich auf Verdickungen an den Fühlern, die als „Sägung" bezeichnet werden.
Lebensraum: Waldränder und -lichtungen, Parkanlagen, Gärten; auch im Siedlungsbereich.
Nistort: Boden.
Flugzeiten: Eine Generation im Jahr zwischen Juli und September.

Futterpflanzen: Der Name verrät bereits die Futterquelle: Beim Sammeln von Futtervorräten für ihre Nester besuchen die Weibchen dieser Art ausschließlich Glockenblumen.
Biologie: Die Männchen schlüpfen bis zu drei Wochen vor den Weibchen und versammeln sich dann bevorzugt an Glockenblumen, um dort auf die Weibchen zu warten. Dabei schlafen sie sogar in den Blüten, von denen sie sich über Nacht schützend einschließen lassen. Nach der Paarung bauen die Weibchen Erdnester in Sand- oder Lehmböden. Von dem nur etwa 10 cm tiefen Hauptgang zweigen Seitenzellen ab, die zum Schutz vor Feuchtigkeit mit einer wachsartigen Schicht ausgekleidet werden. Die Überwinterung erfolgt als Ruhelarve vor dem Puppenstadium.
Parasiten: Die Wespenbiene *Nomada emarginata* ist ein häufiger Parasit der Glockenblumen-Sägehornbiene.

 solitär VI–IX Boden

Schenkelbiene

Macropis europaea

Merkmale: Die Schenkelbiene ist 8 mm groß, schwarz und nur locker behaart. Am letzten Beinpaar fällt ein Büschel langer, weißer Haare auf, mit denen der Blütenpollen gesammelt wird. Gelegentlich werden die Hinterbeine beim Sammeln steil nach oben gestreckt, was ein weiteres Erkennungsmerkmal sein kann. Am Hinterleib bilden Fransen aus hellen Haaren ein Streifenmuster.
Lebensraum: Waldränder, feuchte Niederungen; auch im Siedlungsbereich, sofern Futterpflanzen in der Nähe vorkommen.
Nistort: Boden.
Flugzeiten: Eine Generation im Jahr, wobei die Männchen zwischen Juni und August und die Weibchen von Juli bis in den September fliegen.

Futterpflanzen: Die Art sammelt Pollen und Blütenöle am Gewöhnlichen Gilbweiderich, der an feuchten Standorten zu finden ist. Zur Paarung warten die Männchen an dieser Futterpflanze auf Weibchen.
Biologie: Die wenig auffällige Biene nistet im Gegensatz zu vielen anderen Solitärbienen an bewachsenen Stellen, z. B. unter Grasbüscheln und Moospolstern oder an pflanzenbestandenen Hängen. Sie baut dort ihr Erdnest in nur wenigen Zentimetern Tiefe. Von dem etwa 8 cm langen Hauptgang zweigen bis zu 4 Seitengänge ab, die in jeweils 1 bis 2 Brutzellen enden. Für deren Proviantbestückung benötigt das Weibchen jeweils 5 bis 8 Sammelflüge. Als Schutz gegen Feuchtigkeit werden die Brutzellen mit den Blütenölen des Gilbweiderichs imprägniert.
Parasiten: An dieser Biene parasitiert die Schmuckbiene *Epeoloides coecutiens* (Seite 139).

 solitär   VI–IX   Boden

Raufüßige Hosenbiene

Dasypoda hirtipes

Merkmale: Die 12–15 mm großen Weibchen fallen durch die langen gelben Haare an den Beinen auf, wodurch das letzte Beinpaar an weite Hosen erinnert. Sie ähneln in Größe und Färbung den Honigbienen, sind aber an den breiten, kräftig gefärbten Binden des Hinterleibs und an der Nahrungsspezialisierung gut zu erkennen.
Lebensraum: Sandflächen und Pflasterfugen; auch im Siedlungsbereich, sofern Futterpflanzen vorhanden sind.
Nistort: Boden.
Flugzeiten: Ab Mitte Juni sind die Weibchen unterwegs, einen Monat später folgen die Männchen. Die Flugzeit dauert bis Ende September. Es gibt nur eine Generation im Jahr.
Futterpflanzen: Die Raufüßige Hosenbiene sammelt gezielt an Korbblütlern, besonders aus der Unterfamilie Cichorioideae, zu der u. a. Bitterkraut, Wegwarte, Habichtskraut und Wiesen-Pippau gehören.
Biologie: Die Nester werden in festem Sandboden angelegt. Dazu gräbt das Weibchen bis zu 60 cm tiefe Gänge, von denen schräg liegende Brutzellen abzweigen. Für die Versorgung jeder Brutzelle mit Pollen benötigt die Nestmutter etwa 4 Stunden und fliegt dazu bis zu 10-mal aus. Den Pollen formt sie mit Nektar zu einer Kugel, auf die sie dann ein einzelnes Ei legt. Der Pollenvorrat steht auf 3 kleinen Füßchen, was vermutlich einem Pilzbefall vorbeugen soll. Zuletzt wird die Zelle zum Hauptgang hin mit Erde verschlossen. Die Larve überwintert als Ruhelarve, die Biene schlüpft dann im folgenden Sommer. Raufüßige Hosenbienen nisten gerne in dichten Kolonien.
Parasiten: Bei dieser Hosenbiene parasitiert die Fliege *Miltogramma oestraceum*.

 solitär   VI–IX   Gangnisthilfen

Große Wollbiene

Anthidium manicatum

Merkmale: Weibchen 12 mm, Männchen 14–18 mm lang. Schwach behaart mit wespenähnlicher kontrastreicher schwarz-gelber Färbung – die schwarzen Bänder verlaufen aber auf der Rückenmitte zu einem breiten Längsstreifen. Am Hinterleibsende tragen die Männchen kleine Dornen.
Lebensraum: Trockene, sandige Brachflächen, Halbtrockenrasen; auch in Gärten und Parks.
Nistort: Boden, Stein, Holz.
Flugzeiten: Anders als die meisten anderen Solitärbienen schlüpfen die Weibchen vor den Männchen und sind ab Anfang Juni bis Ende September zu beobachten, die Männchen ab Mitte Juni bis Mitte September. In langen, warmen Sommern kann es zum Schlupf einer zweiten Generation kommen.

Futterpflanzen: Besucht verschiedene Futterpflanzen, aber nur aus den Familien der Schmetterlings-, Lippen- und Rachenblütler (z. B. Ziest, Hauhechel, Fingerhut, Luzerne). Das Weibchen benötigt für den Nestbau pflanzliche Drüsenhaare, die es u. a. von Brombeere, Wollziest, Löwenmäulchen und Pelargonie abschabt.
Biologie: Die Weibchen bauen ihre Nester in vorgefundene Löcher. Zum Schutz gegen Wasser und wohl auch gegen Parasiten werden die Brutzellen mit pflanzlichen Drüsensekreten imprägniert, zudem das Nest mit Pflanzenhaaren ausgekleidet und der Eingang mit Steinchen verbarrikadiert. Die Männchen fallen durch ihre aggressive Verteidigung von Paarungsrevieren z. B. am Ziest auf, wobei sie selbst größere Hummeln mit nach vorn gekrümmtem Hinterleib attackieren. Die Dornen an den Hinterleibssegmenten können den Gegner stark verletzen.
Parasiten: Die Düsterbiene *Stelis punctulatissima* (Seite 125) parasitiert an dieser Biene.

 solitär VI–VIII Boden, Ritzen und Spalten

Kleine Wollbiene

Anthidium punctatum

Merkmale: Die 8–10 mm großen Tiere zeigen auf dem Hinterleib ein schwarz-weißes Muster in Form von schwarz unterbrochenen weißen Querstreifen. Die Männchen tragen zudem einen dichten braunen Pelz auf dem Rücken des Brustteils. Die Art lässt sich oft zusammen mit der verwandten Kleinen Harzbiene (*Anthidium strigatum*) beobachten, die der Großen Wollbiene (*A. manicatum,* Seite 123) ähnelt, jedoch viel kleiner ist als diese.

Lebensraum: Trockene, warme Flächen wie Magerrasen, Steingärten und Lehmgruben.

Nistort: Boden, Felsspalten.

Flugzeiten: Die Art bringt nur eine Generation im Jahr hervor und fliegt zwischen Juni und Mitte August.

Futterpflanzen: Diese Wildbiene besucht verschiedene Futterpflanzen, fliegt aber besonders gern den Hornklee an.

Biologie: Die Kleine Wollbiene überwintert als Ruhelarve. Die Weibchen bauen ihre Nester in vorgefundene Erdlöcher und Felsspalten, wobei sie oft nur eine einzelne Brutzelle je Nistplatz anlegen. Verschlossen wird sie mit Steinchen und Pflanzenhaaren. Die Männchen beißen sich zum Schlafen gerne an einem Grashalm fest. Diese Schlafhaltung findet man nicht nur bei Wollbienen, sondern auch bei anderen Gattungen, etwa den Wespenbienen (Seite 138). Werden die Tiere gestört, lassen sie den Halm los und können sofort abfliegen.

 Parasit   VI–VIII   Gangnisthilfen

Düsterbiene

Stelis punctulatissima

Merkmale: Die Gattung der Düsterbienen umfasst Arten von grauer bis schwarzer Färbung mit markantem, auf der Unterseite abgeflachtem Hinterleib. Im Gegensatz dazu ist diese 8–11 mm große und spärlich behaarte Düsterbienen-Art recht lebhaft gefärbt. Mit den zarten hellgelben Streifen auf dem Hinterleib bei einem ansonsten schwarzen und wenig bienentypisch kahlen Körper erinnert sie entfernt an eine Wespe.

Lebensraum: Typische Lebensräume ihrer Wirtsarten, wie Brachflächen, Abbruchkanten, Sand- und Lehmgruben, Trockenmauern usw.

Nistort: Nester ihrer Wirtsarten.

Flugzeiten: Eine Generation im Jahr zwischen Juni und Ende August.

Futterpflanzen: Diese Düsterbienen-Art ist ein unspezialisierter Blütenbesucher, man kann sie jedoch oft auf Korbblütlern beobachten.

Biologie: Die Art parasitiert die Große Wollbiene (*Anthidium manicatum,* Seite 123) und eventuell auch verschiedene Mauerbienen (*Osmia adunca, O. fulviventris, O. leaina, O. brevicornis*). Noch während die Wirtsart ihre Brutzellen mit Proviant bestückt, dringt die Düsterbiene in das Nest ein und legt ihr Ei versteckt, z. B. unter dem ersten Pollenvorrat, ab. Die Larve der Düsterbiene schlüpft vor der des Wirtes und saugt das noch nicht entwickelte Bienen-Ei aus, ehe sie den deponierten Pollen verzehrt. Sie überwintert als Ruhelarve und entwickelt sich erst im Folgejahr zur fertigen Biene.

 solitär V–IX Gangnisthilfen, Boden

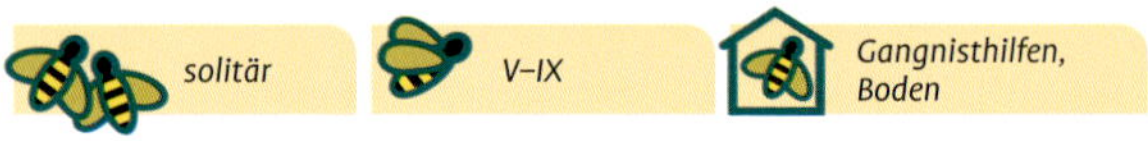

Gemeine Blattschneiderbiene

Megachile versicolor

Merkmale: Diese 10–11 mm große Wildbiene mit beigebraunem Rückenpelz und schwarzem, schwach gebändertem Hinterleib fällt als typischer Bauchsammler durch die stark behaarte Unterseite des Hinterleibs auf. Ist diese sogenannte „Bauchbürste" mit Pollen beladen, kann der Hinterleib in der Seitenansicht in vielen typischen Pollenfarben leuchten – von Beigebraun über Gelb bis Rot. Die Art ähnelt der Totholz-Blattschneiderbiene (*M. willughbiella*, rechte Seite), lässt sich aber durch die Farbe der Bauchbürste unterscheiden, die nicht durchgängig rot gefärbt ist wie bei der Totholz-Blattschneiderbiene, sondern an der Hinterleibsspitze schwarz.
Lebensraum: Verbreitet, auch im Siedlungsbereich.

Nistort: Totholz, Pflanzenstängel, auch in Blumentopferde.
Flugzeiten: Eine Generation im Jahr zwischen Mitte Mai und August. Gelegentlich gibt es auch eine zweite Generation, die bis in den September hinein fliegt.
Futterpflanzen: Eine Spezialisierung beim Blütenbesuch ist nicht bekannt.
Biologie: Die Biene besiedelt Fraßgänge in Totholz oder hohle Pflanzenstängel, wurde aber auch schon beim Nestbau in Blumentopferde beobachtet. Sie bevorzugt Nistgänge mit einem Innendurchmesser von 6–8 mm. Die Brutzellen werden aus Blattstücken gebaut, die das Weibchen aus Pflanzenblättern ausschneidet und zusammengerollt unter dem Bauch zum Nistplatz transportiert. Bevorzugte Pflanzen sind dabei Pappel, Rose, Flieder, Brombeere, Eiche und Himbeere.
Parasiten: Die Kegelbiene *Coelioxys inermis* parasitiert an dieser Biene.

 solitär   VI–IX   Gangnisthilfen, Boden

Totholz-Blattschneiderbiene

Megachile willughbiella

Merkmale: Die 12–16 mm große Biene ist von anderen Blattschneiderbienen nur schwer zu unterscheiden. Das beigebraun behaarte Weibchen hat einen hell gestreiften Hinterleib mit orangeroter Bauchbürste auf der Unterseite. Die hellen Binden nutzen sich schnell ab, so dass der Hinterleib bei älteren Weibchen glänzend schwarz erscheint. Die Männchen haben deutlich verbreiterte Vorderbeine mit langer weißgelber Behaarung.

Lebensraum: Sand- und Lehmgruben, Waldränder, Böschungskanten; auch in Siedlungen.

Nistort: Totholz, Lehmwände, Mauerfugen, fester Boden; auch Blumentöpfe mit fester, trockener Erde.

Flugzeiten: Eine Generation im Jahr zwischen Juni und September, in langen und heißen Sommern gibt es manchmal eine zweite Generation ab Mitte August.

Futterpflanzen: Nicht auf bestimmte Blütenpflanzen spezialisiert, besucht aber oft Glockenblumen und Weidenröschen.

Biologie: Die Bienen überwintern als Ruhelarve. Nach Schlupf und Verpaarung suchen die Weibchen geeignete Nistplätze. Gerne verwenden sie Käferfraßgänge in Totholz oder alte Pelzbienennester in Lehm, sie errichten aber auch aktiv eigene Nester. Die Art siedelt gelegentlich kommunal, d. h. mehrere Weibchen bilden eine Art „Wohngemeinschaft". Dabei bauen sie ihre Nestanlagen dicht beieinander und nutzen einen gemeinsamen Ausgang, so dass man den Eindruck bekommt, es habe sich ein Bienenvolk eingenistet. Dieses Verhalten dient der Abwehr von Brutparasiten.

Parasiten: Als Parasit gilt die Kegelbiene *Coelioxys quadridentata*, eventuell auch *C. elongata*.

 solitär   VI–VIII   Gangnisthilfen

Luzerne-Blattschneiderbiene

Megachile rotundata

Merkmale: Die Luzerne-Blattschneiderbiene ist 6–8 mm groß. Ihre Färbung ist schwarz mit grau-weißer Behaarung und sehr feiner heller Bänderung auf dem Hinterleib. Ebenso wie die anderen Blattschneiderbienen-Arten ist sie ein Bauchsammler, ihre Bauchbürste ist aber weißgrau. Typisch für die weiblichen Blattschneiderbienen ist der beim Pollensammeln schräg nach oben abgewinkelte Hinterleib, wodurch die bereits verpaarten Tiere vermutlich paarungswillige Männchen abwehren.

Lebensraum: Böschungen, Waldränder, Parks und Gärten, Abbruchkanten, Sand- und Lehmgruben; auch im Siedlungsbereich.

Nistort: Totholz, Pflanzenstängel.

Flugzeiten: Eine Generation im Jahr, zwischen Ende Juni und Mitte August.

Futterpflanzen: Die Art ist nicht spezialisiert. In die USA eingeschleppt, besucht sie dort aber offenbar im Wesentlichen die Luzerne.

Biologie: Das Nest wird in Käferbohrgängen im Totholz und in Pflanzenstängeln angelegt. Bei Nisthilfen wählt sie Bohrdurchmesser von etwa 5–6 mm. Das Weibchen legt Liniennester an und kleidet die einzelnen Zellen mit selbst ausgeschnittenen Stücken von Blüten- und Laubblättern verschiedener Pflanzenarten aus.

Parasiten: Die Luzerne-Blattschneiderbiene wird von der Kegelbiene *Coelioxys echinata* parasitiert.

Info

Die Art wird in den USA gewerbsmäßig gezüchtet, um sie zur Bestäubung der Luzerne einzusetzen.

 solitär III–VII Gangnisthilfen

Blaue Mauerbiene

Osmia caerulescens

Merkmale: Bei dieser Art sehen die Geschlechter deutlich unterschiedlich aus. Während die 8–10 mm großen Weibchen einen blau schillernden Körper mit weißgrauer Behaarung haben, sind die geringfügig kleineren Männchen stark rötlich-braun behaart. Die beiden Geschlechter werden deshalb oft fälschlich für unterschiedliche Arten gehalten.
Lebensraum: Waldränder, Streuobstwiesen, Weinbergbrachen, Steinbrüche; regelmäßig im Siedlungsbereich anzutreffen.
Nistort: Totholz, Pflanzenstängel, Lehmwände.
Flugzeiten: Eine Generation, die zwischen Ende März und Mitte Juli fliegt. Gelegentlich tritt ab Anfang Juli auch eine zweite Generation auf.
Futterpflanzen: Die Blaue Mauerbiene sucht bevorzugt Schmetterlings- und Lippenblütler auf.

Biologie: In ihrer Lebensweise ähnelt die Art der Roten Mauerbiene (*O. bicornis*, Seite 132). Allerdings fallen ihre Nestverschlüsse wegen ihrer grünen Färbung auf. Sie werden nämlich nicht aus Lehm, sondern aus zerkauten Pflanzen- und Blütenblättern hergestellt. Die Art nistet in Baumstubben, angebrochenen Brombeerranken und in Reetdächern, aber auch in Spalten von Felswänden und Trockenmauern. In Nistwänden besiedelt sie gerne Brutröhren mit Gangdurchmessern von 4–5 mm. Die bis zu 7 hintereinander errichteten Zellen sind knapp 9 mm lang. Um sie mit Proviant zu versorgen, braucht die Mutterbiene pro Brutzelle rund 20 Sammelflüge.
Parasiten: Als Parasit der Blauen Mauerbiene tritt die Kuckucksbiene *Stelis ornatula* auf.

 solitär   III–VI   Gangnisthilfen

Gehörnte Mauerbiene

Osmia cornuta

Merkmale: Die 12–16 mm großen Weibchen haben einen tiefschwarz und dicht bepelzten Körper mit leuchtend roter Hinterleibsspitze. An ihrem Kopf befinden sich, im dichten Pelz versteckt, die beiden namengebenden Hörnchen. Die etwas kleineren Männchen haben zusätzlich eine weiße Gesichtsbehaarung. Die Gehörnte Mauerbiene wird oft für eine Hummel gehalten.
Lebensraum: Verbreitet in milden Regionen mit reichem Blütenangebot, daher ausgesprochen häufig im Siedlungsbereich.
Nistort: Mauerspalten, Fugen.
Flugzeiten: Eine Generation zwischen Anfang März und Anfang Juni.
Futterpflanzen: Diese Wildbiene ist nicht auf bestimmte Pflanzen spezialisiert.
Biologie: Die Gehörnte Mauerbiene schätzt

großflächige Nistplatzangebote, etwa an Mauern und Hauswänden. Sie besiedelt sehr ungern schon verwendete Nistgänge und nimmt Nisthilfen daher nur an, wenn diese immer wieder mit neuen Bambusröhren oder Nistklötzen (Gangdurchmesser 7–9 mm bei 8–10 cm Tiefe) bestückt werden. Im Siedlungsbereich führt es manchmal zur Beunruhigung, wenn sich die Tiere in Trockenzeiten an gut gewässerten Anpflanzungen oder frischem Erdaushub ansammeln und dort den Boden regelrecht mit Minengängen durchsieben. Sie raffen dabei große Mengen an feuchtem Aushub zusammen, den sie zum Errichten ihrer Brutzellen benötigen. Wie die Rote Mauerbiene (*O. bicornis*, Seite 132) legen sie Liniennester aus hintereinander liegenden Brutzellen in vorgefundenen Fraßgängen, Bohrlöchern oder Mauerritzen an. Die Art profitiert vom Klimawandel und ist in Ausbreitung begriffen.

 solitär
 III–VII

leere
Schneckenhäuser

Zweifarbige Schnecken-haus-Mauerbiene

Osmia bicolor

Merkmale: 8–10 mm große Mauerbiene mit dichtem schwarzem Haarpelz und leuchtend rotbrauner Hinterleibsspitze. Sie ähnelt einer kleinen Steinhummel (*Bombus lapidarius*, Seite 144) oder der Gehörnten Mauerbiene (*Osmia cornuta*, linke Seite).

Lebensraum: Verbreitet, mangels ungestörter Nistplätze jedoch zurückgehend.

Nistort: Besiedelt ausschließlich leere Schneckenhäuser.

Flugzeiten: Eine Generation im Jahr; die Männchen fliegen ab Anfang März, die Weibchen ab Mitte März bis Mitte Juli.

Futterpflanzen: Nicht spezialisiert.

Biologie: Nach der Paarung sucht sich die Biene ein geeignetes Schneckenhaus. Dann beklebt sie das Gehäuse mit einem Brei aus Speichel und Pflanzenstücken („Pflanzenmörtel"), ehe sie Pollen einträgt. Nach der Eiablage nutzt sie den Pflanzenmörtel zum Errichten der Wände zwischen den Brutzellen. Oft bleibt es aber bei nur einer Brutzelle, selten gibt es Gehäuse mit 4 bis 6 Zellen. Zum Schluss füllt sie das Gehäuse mit Erde und Steinchen auf, ehe das Nest einen Verschluss aus Pflanzenmörtel erhält. Zuletzt wird das Gehäuse ganz mit der Öffnung nach unten gedreht und noch mit einem kleinen Dach aus Kiefernadeln und Halmen abgedeckt. Die fertig entwickelten Bienen überwintern im Schneckenhaus.

Nisthilfe

Das Auslegen leerer Schneckenhäuser an geschützter, sandiger Stelle ist für diese Art eine große Hilfe.

 solitär   III–VI   Gangnisthilfen

Rote Mauerbiene

Osmia bicornis

Merkmale: Diese 8–13 mm große Biene (auch Zweihörnige Mauerbiene genannt) ist die bekannteste Wildbienenart. Sie hat eine hellbraune Brustbehaarung mit dunkler Hinterleibsspitze. Der deutsche Name geht auf den alten wissenschaftlichen Namen *Osmia rufa* zurück.
Lebensraum: Park- und Gartenanlagen, Waldränder, Halbtrockenrasen, Streuobstwiesen; auch im Siedlungsbereich häufig anzutreffen.
Nistort: Totholz, Pflanzenstängel.
Flugzeiten: Eine Generation im Jahr; die Männchen sind ab Mitte März zu beobachten, die Weibchen ab Ende März bis Ende Juni.
Futterpflanzen: Nicht spezialisiert.
Biologie: Die Art ist weit verbreitet und nistet auch in Fensterrahmen und Schraublöchern, sofern sie einen Durchmesser von 6–7 mm

aufweisen. Bis zu 30 hintereinander liegende Brutzellen können von der Nestmutter angelegt werden. Als Bauchsammler muss sie sich rückwärts in die enge Brutröhre schieben, um den an der Hinterleibsunterseite gesammelten Pollen in der Brutzelle abzustreifen. Ist der Pollen deponiert, kommt sie wieder heraus und dreht sich, um mit dem Kopf voran erneut in die Brutröhre zu kriechen. Mit den Vorderbeinen formt sie den Pollen zu einem Klumpen, trägt noch etwas Nektar ein und legt dann ein Ei darauf. Zum Schluss wird die Zelle mit einem Gemisch aus Speichel und Lehm verschlossen, und der nächste Bauabschnitt beginnt. Die Trennwände zwischen den einzelnen Zellen sind nur 1–3 mm dick, während der Nestverschluss bis zu 12 mm stark sein kann.
Parasiten: Die Fruchtfliege *Cacoxenus indagator* parasitiert diese Biene.

 solitär   IV–VII   Gangnisthilfen

Hahnenfuß-Scherenbiene

Chelostoma florisomne

Merkmale: Die 7–11 mm großen Bienen sind schwarz und tragen am Hinterleib helle Haarfransen, die ein feines Streifenmuster bilden. Auffallende Merkmale sind die langen, scherenartig geformten Oberkiefer und ein feiner, senkrecht stehender Steg auf dem Kopfschild.
Lebensraum: Waldränder, Streuobstwiesen, Parks und Gärten; auch im Siedlungsbereich.
Nistort: Löcher im Totholz.
Flugzeiten: Eine Generation. Die Männchen fliegen zwischen Mitte April und Anfang Mai, die Weibchen ab Anfang Mai bis Mitte Juli.
Futterpflanzen: Die Art ist auf Hahnenfußgewächse angewiesen, die im Radius von 150 m um den Nistplatz auftreten müssen.
Biologie: Zum Nestbau benötigt die Art Totholz mit Fraßgängen von Käfern im Durchmesser von

3–5 mm. Das Weibchen baut in den Gang zunächst eine Rückwand aus Lehm, ehe es Pollen einträgt. Diesen befeuchtet es mit hochgewürgtem Nektar und stampft den Futterbrei dann fest. Jeder Nistgang wird mit 2 bis 5 solcher Brutzellen bestückt, ehe zum Schutz vor Parasiten eine Leerzelle angelegt und zum Schluss das Nest mit einem bis zu 7 mm dicken Lehmpfropfen verschlossen wird. Untersuchungen haben ergeben, dass sich bei einem Nistgangdurchmesser von 4 mm wesentlich mehr Weibchen entwickeln als bei 3 mm.
Parasiten: Die Keulhornwespe *Sapyga clavicornis* (Seite 149) parasitiert diese Bienenart.

Info

Viele Wildbienen legen Leerzellen am Nesteingang an. Sie schützen so die Brut vor parasitierenden Schlupfwespen.

solitär	III–VI	Lehmblock, Boden

Frühlings-Pelzbiene

Anthophora plumipes

Merkmale: Die Tiere sind rund 14 mm groß und ähneln mit ihrer plumpen Erscheinung und dem dichten grauen Pelz den Hummeln. Der Hinterleib ist spärlicher behaart und schwarz, es gibt aber auch eine durchgehend schwarz behaarte Variante. Typisch ist der kolibriartige Schwirrflug, mit dem die Tiere von Blüte zu Blüte eilen.
Lebensraum: Brachflächen, Gärten, Parks, Waldränder; auch im Siedlungsbereich.
Nistort: Lehmwände, selten im Boden.
Flugzeiten: Eine Generation. Die Männchen fliegen von Anfang März bis Ende Mai. Die Weibchen sind von Anfang April bis Mitte Juni unterwegs.
Futterpflanzen: Die Art ist nicht spezialisiert, man kann sie gut an Blaukissen, aber auch an Blut-Johannisbeere, Borretsch, Lungenkraut oder Kaukasischem Beinwell beobachten. Dabei fallen vor allem die Männchen auf, die an den Blüten entlang patrouillieren.
Biologie: Die Art überwintert als Biene, und so kündigt sie als eine der Ersten den Frühling an. Sie nistet in Steil- und Lehmwänden, aber auch in Fugen alter Ziegelsteinmauern oder in steinigem Boden. Die Höhlungen und Löcher, die die Tiere in alte Lehmfachwerke, Putze oder sandige Mörtel fräsen, werden immer wieder benutzt. Die Brutzellen werden mit einem wachsartigen Sekret ausgekleidet.
Parasiten: Die Trauerbiene *Melecta albifrons* (Seite 135) und der Schmalflüglige Ölkäfer (*Sitaris muralis*) treten als Parasiten auf.

Info

Diese Pelzbiene besiedelt gerne die Innenräume ungenutzter Gebäude und mag auch schattige, eher kühle Orte.

 Parasit   IV–VI   Lehmblock, Boden

Gemeine Trauerbiene

Melecta albifrons

Merkmale: Die Gemeine Trauerbiene ist mit 12–17 mm Körperlänge relativ groß und an der Brust braungelb behaart. Der schwarz glänzende Hinterleib läuft spitz zu und trägt an den Seiten helle Haarbüschel, die zum Hinterleibsende in einer Reihe von Punkten auslaufen.

Lebensraum: Lehmwände, Abbruchkanten, Sand- und Lehmgruben; auch im Siedlungsbereich, sofern der Wirt dort vorkommt.

Nistort: Nester ihrer Wirtsarten.

Flugzeiten: Eine Generation im Jahr, wobei beide Geschlechter von Anfang April bis Ende Mai zu sehen sind. Die Weibchen fliegen dann noch bis Ende Juni.

Futterpflanzen: Die Art ist nicht auf bestimmte Pflanzen spezialisiert, man findet sie aber oft an Gundermann, Günsel und Taubnesseln.

Biologie: Die Gemeine Trauerbiene parasitiert Pelzbienen wie die Frühlings-Pelzbiene (*Anthophora plumipes*, linke Seite). Im Gegensatz zu anderen Brutparasiten, die ihre Eier meist in die noch offenen Nester ihrer Wirte legen, öffnen die Weibchen dieser Art bereits verschlossene Brutnester und legen ihr Ei in der Brutzelle ab. Danach stellt das Weibchen den Zellverschluss wieder her. Ebenso wie bei anderen Kuckucksbienen-Arten frisst die Trauerbienenlarve nach dem Schlupf zunächst das Ei oder die bereits geschlüpfte Larve des Wirtes und ernährt sich anschließend vom eingetragenen Nahrungsvorrat. Sie überwintert als Biene in der Brutzelle, die sie dann im nächsten Frühjahr verlässt.

 solitär   V–IX   markhaltige Stängel

Schwarzglänzende Keulhornbiene

Ceratina cucurbitina

Merkmale: Die Bienen sind nur 6–9 mm groß. Mit ihrem glänzenden, rein schwarzen Körper und dem unterseitig abgeflachten Hinterleib unterscheiden sie sich deutlich von ihren nahen Verwandten, den eher metallisch glänzenden Arten *C. chalybea* und der wesentlich kleineren *C. cyanea*; beide erscheinen zudem auch früher (bereits im April). Die kurzen, an der Spitze keulenartig verdickten Fühler haben dieser Gattung ihren Namen gegeben.

Lebensraum: Brachflächen, Waldränder, Binnendünen; allgemein verbreitet, auch im Siedlungsbereich.

Nistort: Markhaltige Pflanzenstängel.

Flugzeiten: Eine Generation zwischen Ende Mai und September.

Futterpflanzen: Die Art ist nicht spezialisiert. Für ihre Nester benötigen die Weibchen aber aufrecht stehende, trockene und markhaltige Pflanzentriebe, z. B. von Königskerzen, Disteln, Beifuß, Buschmalve, Brom- und Himbeere, Holunder und Rosen.

Biologie: Die Art überwintert als Biene in Überwinterungsgruppen von bis zu 30 Tieren. Zum Nestbau benötigt sie aufrecht stehende Stängel mit Zugang zum Mark an Schnittstellen oder Bruchkanten. Die hintereinander liegenden Brutzellen (Liniennest) werden durch Wände aus Markpartikeln getrennt. Im Gegensatz zu anderen Solitärbienen bleibt das Weibchen oft bis zum Schlupf seiner Nachkommen im Nest und verschließt bei Gefahr den Eingang mit seinem Hinterleib. Zusätzlich verfügt es über ein Sekret, das Ameisen fernhält.

 solitär IV–VIII Holzblock

Blaue Holzbiene

Xylocopa violacea

Merkmale: Mit 20–23 mm eine außergewöhnlich große Wildbiene, die oft für eine Hummel gehalten wird, mit ihrer blauschwarz glänzenden Behaarung aber unverwechselbar ist. Durch das kolibriartige Anfliegen von Blüten (besonders des Blauregens) fällt die Art im Garten auf. Die Männchen sind an den leicht geknickten, braunrot gebänderten Fühlerenden zu erkennen.

Lebensraum: Warme, trockene Regionen, auch in Siedlungen, sofern Totholz angeboten wird. Die Art breitet sich in den letzten Jahren, vermutlich wegen des Klimawandels, stark aus.

Nistort: Totholz.

Flugzeiten: Eine Generation im Jahr zwischen April und August.

Futterpflanzen: Nicht auf bestimmte Futterpflanzen spezialisiert.

Biologie: Die Blaue Holzbiene ist eine der wenigen Arten, die ihre Nistgänge aktiv in Totholz nagen. Die bis 1,5 cm breiten Löcher münden in mehreren Seitengängen. Darin werden jeweils mehrere hintereinanderliegende Brutzellen angelegt, die Zwischenwände bestehen aus Holzspänen. Nach der Eiablage auf den Proviantvorrat werden nur die Seitengänge verschlossen, der Haupteingang bleibt dagegen offen. Die Bienen schlüpfen bereits nach 6 bis 8 Wochen, so dass sich beide Generationen noch begegnen können. Die Verpaarung findet jedoch erst nach der Winterruhe statt.

Nisthilfe

Senkrechte, sonnenexponierte Totholzstämme (Obstgehölz) mit mindestens 20 cm Durchmesser sind gute Nistplatzangebote für diesen Brummer.

 Parasit IV–VIII Boden

Einpunkt-Wespenbiene

Nomada fucata

Merkmale: Die 8–10 mm große Einpunkt-Wespenbiene besitzt, wie für die Gattung typisch, einen deutlich gelb-schwarz gezeichneten Hinterleib. Ihre Beine und Antennen sind rötlich gefärbt. Von anderen Wespenbienen-Arten ist sie am besten durch ihre Wirtsspezialisierung zu unterscheiden.
Lebensraum: Typische Lebensräume von Sandbienen, also offene Landschaften, Bahndämme und Trockenrasen.
Nistort: Nester ihrer Wirtsarten.
Flugzeiten: Wie der Wirt zwei Generationen im Jahr: von Anfang April bis Ende Mai und von Anfang Juli bis Ende August.
Futterpflanzen: Die Art ist nicht auf bestimmte Futterpflanzen festgelegt.
Biologie: Die Einpunkt-Wespenbiene parasitiert hauptsächlich die Gemeine Sandbiene (*Andrena flavipes*, Seite 114). Sie lässt sich gut beim Suchflug über den gelegentlich recht großen Nistkolonien ihres Wirtes beobachten. Die Abwesenheit der Bienenweibchen nutzt sie, um in ein Nest einzudringen. Die Wespenbienenlarve schlüpft vor der Wirtslarve und frisst zunächst das Ei des Wirtes, ehe sie sich über den deponierten Pollenvorrat hermacht. Nach der Verpuppung schlüpfen erst die Männchen, die dann über den parasitierten Wirtsnestern patrouillieren und auf die Weibchen warten. Während der Balz übertragen die Männchen mit den Antennen Sexuallockstoffe auf die Antennen der Weibchen, um sie in Paarungsstimmung zu bringen.

 *Parasit* VII–VIII *Boden*

Schmuckbiene

Epeoloides coecutiens

Merkmale: Die Weibchen haben einen kurzen (10 mm), gedrungenen Körper und sind eher schütter behaart. Kopf und Brut weisen helle Haarbüschel auf. Die vorderen drei Segmente des Hinterleibs sind rot, die weiteren schwarz mit weißen Binden. Die Männchen tragen eine dichte braune Behaarung auf allen Körperabschnitten und den Beinen. Auffallend sind bei ihnen außerdem die grünlichen Augen.

Lebensraum: Moore und Auenwälder, wo die Wirtsarten vorkommen.

Nistort: Nester ihrer Wirtsarten.

Flugzeiten: Im Juli bis August kann man diese parasitische Wildbiene beobachten. Die Männchen erscheinen etwas später als die Weibchen.

Futterpflanzen: Diese Schmuckbienen-Art ist an vielen Blütenpflanzen zu beobachten, wo sie Nektar zur Eigenversorgung sucht. Besonders häufig findet man sie an den Futterpflanzen ihrer Wirtsarten, wie z. B. Gilbweiderich und Blut-Weiderich.

Biologie: Parasitiert werden die Bodennester von Schenkelbienen-Arten (*Macropis,* Seite 121). Sie legt also keine eigenen Nester an und kann keinen Pollen sammeln. Beobachtungen an den Nestern des Wirtes zeigen, dass die Schmuckbiene offenbar weitgehend unbehelligt in das Nest eindringen kann, um dort ihre Eier in den angelegten Brutzellen zu deponieren. Beide Geschlechter beißen sich zum Schlafen an Blattspitzen oder Blütenblättern fest; im Falle der Störung lassen sie sofort los und fliegen weg.

 sozial II–XI Baumhöhlen, Bienenstöcke

Honigbiene

Apis mellifera

Merkmale: Arbeiterinnen 11–13 mm, Königinnen 15–18 mm, Männchen 13–16 mm. Die braun-graue Grundfärbung mit den bisweilen rötlich eingefärbten braunen Streifen des Hinterleibs macht diese Art gut erkennbar. Im Flug von Blüte zu Blüte fallen die Tiere oft durch die hängenden Hinterbeine auf, die sie zum Pollensammeln aneinander reiben.

Lebensraum: Verbreitet, regional aber mangels Imkern zurückgehend.

Nistort: Größere Hohlräume in Bäumen, Fassadenverkleidungen, Bienenstöcken.

Flugzeiten: Honigbienen fliegen ab Temperaturen von ca. 10 °C; mehrjährig.

Futterpflanzen: Die Art ist nicht spezialisiert.

Biologie: Honigbienen leben als einzige Bienenart in Deutschland ganzjährig in Völkern mit bis zu 80 000 Einzeltieren. Während die Königin bis zu 2000 Eier pro Tag legt, besorgen die Arbeiterinnen die Brutpflege, den Wabenbau aus selbst produziertem Wachs und das Herstellen von Honig aus eingetragenem Blütennektar. Honigbienenvölker vermehren sich über Schwarmbildung, wobei eine Königin mit rund 25 000 Arbeiterinnen ausfliegt und einen neuen Nistplatz sucht. Hierbei entscheiden die Bienen durch „Abstimmung" mittels einer speziellen Tanzsprache über den besten Nistplatz, während sie an einem Ast als Schwarmtraube rasten. Die Drohnen finden sich nur von Mai bis etwa September im Bienenvolk. Sie werden dann vor der Überwinterung aus dem Stock gedrängt. Das Bienenvolk überwintert als eng gepackte Bienentraube und ernährt sich dabei von den Honigvorräten.

Parasiten: Die eingeschleppte Varroamilbe (*Varroa destructor*) kann verschiedene Viruserkrankungen übertragen.

 sozial III–IX 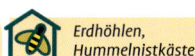 Erdhöhlen, Hummelnistkästen

Dunkle Erdhummel

Bombus terrestris

Merkmale: Königinnen 20–23 mm, Arbeiterinnen 11–17 mm, Männchen 14–16 mm. Die Dunkle Erdhummel ist wohl die bekannteste Hummelart; an der weißen Hinterleibsspitze und den breiten dunkelgelben Querstreifen an Nacken und Hinterleib ist sie gut zu erkennen. Es gibt viele sehr ähnliche Arten, darunter die etwas kleinere Helle Erdhummel (*B. lucorum*, Foto Seite 8), die jedoch hellere, zitronengelbe Streifen trägt.
Lebensraum: Gärten, Parks, Wiesen und Weiden sowie Gewässer- und Waldränder.
Nistort: Unterirdisch, selten oberirdisch (verlassene Mäusenester in Kompost oder Boden).
Flugzeiten: Eine Generation im Jahr zwischen März und September. Die Königinnen dieser frühen Hummelart erscheinen bereits ab Mitte

März, die ersten Jungköniginnen und Männchen ab Mitte Juli. Nur selten überdauern die Völker bis in den September.
Futterpflanzen: Erdhummeln besuchen eine große Bandbreite an Blütenpflanzen.
Biologie: Die Art ist ein Pollenlagerer und bildet recht große Völker von 100 bis 600 Arbeiterinnen. Die Tiere verteidigen ihre Nester bei größeren Störungen (z. B. Öffnen der Nestumhüllung) heftig, sind aber im Einflugbereich friedlich, so dass die Nester oft auch an Spielplätzen oder auf Schulhöfen toleriert werden können. Die Jungköniginnen halten sich lange im Nestbereich auf und fliegen eine Weile ein und aus, ehe sie sich an weichen Bodenstellen zur Überwinterung eingraben. Sie kehren im nächsten Jahr nur selten an denselben Nistplatz zurück.
Parasiten: Ein häufiger Parasit ist die Wachsmotte (*Galleria mellonella*). Als Kuckuckshummel tritt die Keusche Kuckuckshummel (*Psithyrus vestalis*) auf.

 sozial   III–X   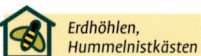 Erdhöhlen, Hummelnistkästen

Gartenhummel

Bombus hortorum

Merkmale: Königinnen ca. 17–20 mm, Arbeiterinnen 11–16 mm, Männchen 13–15 mm. Die Art ähnelt der Erdhummel, hat aber einen zusätzlichen gelben Streifen am Ende des Brustbereiches. Sie wirkt auch etwas gestreckter und schwächer behaart. Mit ihrem bis zu 21 mm langen Saugrüssel ist sie eine langrüsselige Hummel und Spezialist für tiefe Blütenröhren.
Lebensraum: Wälder, Waldränder, Parks und Gärten; regional manchmal selten.
Nistort: Boden (alte Mäusenester), selten auch Vogelnistkästen.
Flugzeiten: Eine, selten zwei Generationen im Jahr von März bis Oktober. Die Königinnen erscheinen ab Mitte März, die ersten Jungköniginnen ab Mitte Juli. Männchen fliegen ab Ende Juni.

Futterpflanzen: Die Art besucht die gängigen Hummeltrachtpflanzen wie Taubnessel, Klee, Ziest oder Kornblume.
Biologie: Die überwinterte Königin gründet im März bis April ihr Nest. Die Gartenhummel ist ein Taschenmacher, d. h. sie lagert den Pollen für jede Larvengeneration in einer Wachstasche, aus der sich die Larven dann selbst bedienen. Sie bildet recht kleine Völker mit 50 bis 120 Arbeiterinnen. Gelegentlich gründen die Jungköniginnen nach der Paarung ohne Winterruhe ein neues Nest, das dann bis Ende Oktober überdauern kann. Die Gartenhummel ist eine sehr friedliche und passive Art. Sie ist ein guter Rückkehrer, d. h. die Königinnen kommen im nächsten Jahr zur Nestgründung an den alten Standort zurück.
Parasiten: Die Wachsmotte (*Galleria mellonella*) ist ein häufiger Parasit, gelegentlich dringt auch die Bärtige Kuckuckshummel (*B. barbutellus*) in die Nester ein.

 Parasit IV–VIII Nester, Boden, Hummelnistkästen

Wald-Kuckuckshummel

Bombus sylvestris

Merkmale: Die Weibchen dieser Hummelart sind etwa 14–16 mm groß. Das Hinterleibsende ist deutlich spitz ausgeformt und locker weiß behaart. Ansonsten sind die Tiere schwarz und teilweise schütter behaart, wodurch sie stärker glänzen als andere Hummelarten. Im Nacken ist ein zartgelber Streifen erkennbar. Ähnlich, aber selten ist die Keusche Kuckuckshummel (*B. vestalis*), die einen zarten gelben Streifen am Ansatz des weiß bepelzten Hinterleibsendes trägt.
Lebensraum: Wälder, Gärten, Parks, generell häufig im Siedlungsbereich.
Nistort: Nester ihrer Wirtsarten.
Flugzeiten: Die Weibchen erscheinen ab Ende April; ab Juli lassen sich junge Männchen und Weibchen beobachten.
Futterpflanzen: Gerne an Kugeldisteln.

Biologie: Die Wald-Kuckuckshummel parasitiert vorzugsweise die Wiesenhummel (*B. pratorum*, Seite 145). Wie für Kuckuckshummeln üblich, dringt das Weibchen in noch kleine Hummelvölker ein, die es vermutlich über den nesteigenen Geruch findet. Die alte Königin wird allmählich aus dem Nest verdrängt oder sogar getötet, und die Arbeiterinnen ziehen die Brut des Eindringlings auf. Wenn die Kuckuckshummel das Nest verlässt, stirbt das Volk meist ab, ohne eigene Nachkommen herangezogen zu haben.

Info

Die parasitisch lebenden Kuckuckshummeln erkennt man an ihren dunklen Flügeln, den fehlenden Körbchenhaaren am letzten Beinpaar und der lückenhaften, dünnen Behaarung, wodurch die Tiere tiefschwarzglänzend erscheinen.

 sozial III–IX 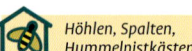 Höhlen, Spalten, Hummelnistkästen

Steinhummel

Bombus lapidarius

Merkmale: Königinnen 20–22 mm, Arbeiterinnen 12–16 mm, Männchen 14–16 mm. Arbeiterinnen und Königinnen sind schwarz mit leuchtend roter Hinterleibsspitze. Sie können mit der (viel kleineren) Gehörnten Mauerbiene (*Osmia cornuta,* Seite 130) verwechselt werden. Die seltene und ebenfalls kleinere Grashummel (*B. ruderarius*) unterscheidet sich durch ihre rötlichen Körbchenhaare am letzten Beinpaar. Die im Sommer kurzzeitig auftretenden Steinhummel-Männchen sind bunter, mit gelben Streifen und einem gelben Haarbüschel zwischen den Augen.
Lebensraum: Trockenrasen, Waldränder, Brachflächen; häufig im Siedlungsbereich.
Nistort: Boden (alte Mäusenester), auch oberirdisch in Felsspalten, Mauerlöchern oder Komposthaufen.

Flugzeiten: Eine Generation zwischen März und September. Die Königinnen erscheinen ab Mitte März, die Jungköniginnen ab Ende Juli. Die Männchen fliegen ab Mitte Juli. Spätestens im September gehen die Völker zugrunde.
Futterpflanzen: Keine speziellen Vorlieben beim Blütenbesuch.
Biologie: Die Steinhummelkönigin bezieht gerne alte Mäusenester im Boden, zwischen Steinen und in Totholzhaufen. Sie ist ein Pollenlagerer, d. h. der eingetragene Pollen wird in speziellen Wachsbauten gelagert und die Larven werden individuell gefüttert. Die Völker umfassen 100 bis 300 Arbeiterinnen. Die Steinhummel gilt als guter Rückkehrer und kann daher über Jahre an einem Niststandort auftreten. Sie ist ausgesprochen friedlich, selbst große Völker dulden einen Blick ins Nest ohne Stichattacken.
Parasiten: Die Wachsmotte (*Galleria mellonella*) ist ein häufiger Parasit, Kuckuckshummel ist die Felsen-Kuckuckshummel (*B. rupestris*).

 sozial   III–VII   Vogelnester, Hummelnistkästen

Wiesenhummel

Bombus pratorum

Merkmale: Königinnen 15–17 mm, Arbeiterinnen 9–14 mm, Männchen 11–13 mm. Diese kurzrüsselige Hummelart ähnelt mit ihrer schwarzen Grundfarbe und dem roten Hinterleibsende der Steinhummel (*B. lapidarius,* linke Seite). Unterscheidungsmerkmale sind aber die geringere Größe, das frühe Erscheinen und ein – manchmal recht schwach ausgeprägter – gelber Streifen in der Nackenbehaarung. Auch am Hinterleib können sich schwache gelbe Streifen zeigen, allerdings ist die Art recht variabel in der Färbung. Wird auch Kleine Waldhummel genannt.

Lebensraum: Gärten, Parks, Waldränder, häufig im Siedlungsbereich.

Nistort: Oberirdisch, gerne in der Höhe (Vogelnester, Eichhörnchenkobel).

Flugzeiten: Eine Generation im Jahr zwischen März und Juli. Die Königinnen fliegen bereits ab Mitte März, die Wiesenhummel ist damit die früheste Hummelart. Die ersten Jungköniginnen und Männchen treten ab Ende Juni auf.

Futterpflanzen: Wiesenhummeln besuchen eine Vielzahl von Blütenpflanzen. Sie fliegen auch sehr flache Blüten an, wie z. B. die Felsenmispel.

Biologie: Die Art ist ein Pollenlagerer. Sie kann Völker mit 60 bis 150 Arbeiterinnen bilden. Die Wiesenhummel gilt als eher schlechter Rückkehrer, d. h. alte Nester werden selten im Folgejahr wiederverwendet. Die Ansiedlung in Hummelnisthilfen glückt relativ selten; sie sollten ohne Laufgang gestaltet sein.

Parasiten: Die Nester können von der Wachsmotte (*Galleria mellonella*) befallen werden. Als Kuckuckshummeln sind die Feld-Kuckuckshummel (*B. campestris*) und die Wald-Kuckuckshummel (*B. sylvestris,* Seite 143) bekannt.

 sozial   III–VIII   Vogelnester, Hummelnistkästen

Baumhummel

Bombus hypnorum

Merkmale: Königinnen 17–20 mm, Arbeiterinnen 8–18 mm, Männchen 14–16 mm. Sehr dunkel, mit brauner Brustbehaarung und weißlicher Hinterleibsspitze. Der Saugrüssel ist mit bis zu 12 mm Länge eher kurz. Von allen Hummelarten ist die Baumhummel die aggressivste und kann bereits bei geringen Störungen mit Stichen reagieren. Ab Mitte Juni kreisen die Männchen vor den Baumhummelnestern, wo sie ausfliegende Jungköniginnen im Flug packen und sich am Boden mit ihnen verpaaren.
Lebensraum: Wälder, Waldränder; häufig im Siedlungsbereich.
Nistort: Bevorzugt in der Höhe – Vogelnester und -nistkästen, Dachdämmungen.
Flugzeiten: Eine Generation zwischen März und August. Die Königinnen erscheinen ab Ende

März, Jungköniginnen ab Anfang Juni, Männchen ab Ende Mai. Die Völker überdauern meist bis Ende Juli, selten bis Ende August.
Futterpflanzen: Keine speziellen Vorlieben beim Blütenbesuch.
Biologie: Sehr schnell können große Völker mit bis zu 400 Arbeiterinnen heranwachsen, wobei die Jungköniginnen aktiv bei der Brutversorgung mithelfen. Im Dachbereich fallen die Baumhummeln oft durch erhebliche Geräuschentwicklung auf. Wie alle Hummelarten verursachen sie aber keine Schäden durch Benagen oder Nestabfälle. Zudem sterben die Völker relativ bald (etwa bis Ende Juli) ab, nachdem Männchen und Jungköniginnen ausgeflogen sind. Die Art gilt als guter Rückkehrer, besiedelt aber, da sie hoch gelegene Nistplätze bevorzugt, selten Hummelnistkästen.
Parasiten: Häufiger Parasit ist die Wachsmotte (*Galleria mellonella*), Kuckuckshummel ist die Norwegische Kuckuckshummel (*B. norvegicus*).

 sozial IV–X 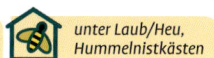 unter Laub/Heu, Hummelnistkästen

Ackerhummel

Bombus pascuorum

Merkmale: Königinnen 15–18 mm, Arbeiterinnen 9–15 mm, Männchen 12–14 mm. Mit ihrem fuchsbraunen Brustpelz und der hellen Streifenbehaarung am Hinterleib werden Ackerhummeln oft für Bienen gehalten, zumal die Art stark in der Größe variiert. Die zuerst geschlüpften Arbeiterinnen sind kleiner als die Sommerhummeln, und auch Königinnen und Arbeiterinnen sind anhand der Körpergröße oft kaum zu unterscheiden.
Lebensraum: Wald und Waldränder, Park- und Gartenanlagen; häufig im Siedlungsbereich.
Nistort: Oberirdisch, selten im Boden (Heuhaufen, Moosansammlungen, trockenes Laub).
Flugzeiten: Eine Generation im Jahr zwischen April und Oktober. Die Königinnen erscheinen ab Anfang April und fliegen bis etwa Mitte Mai, die

Jungköniginnen ab Mitte August bis Ende Oktober. Die Männchen kann man ab Mitte August beobachten. Ackerhummeln bilden sehr langlebige Völker, die bis Ende Oktober, gelegentlich sogar bis Anfang Dezember überdauern können.
Futterpflanzen: Ackerhummeln besuchen eine Vielzahl von Blütenpflanzen.
Biologie: Die Ackerhummel zählt zu den Taschenmachern. Ihre Völker umfassen 60 bis 150 Arbeiterinnen. Sie ist ein guter Rückkehrer und sucht im nächsten Jahr gezielt in der Nähe ihres Geburtsortes nach einer Nistgelegenheit. Ackerhummeln sind ausgesprochen friedlich, ihre kleinen Nester sind nur wenig durch Wachs und Honig mit dem Hüllmaterial verklebt und lassen sich gut freilegen. Geeignete Hummelnistkästen sollten keinen Laufgang aufweisen.
Parasiten: Die Wachsmotte (*Galleria mellonella*) ist bei dieser Art weniger häufig als bei anderen Hummelarten. Als Kuckuckshummel parasitiert die Feld-Kuckuckshummel (*B. campestris*).

 Parasit   IV–IX   Gangnisthilfen

Gemeine Goldwespe

Chrysis ignita

Merkmale: Auffallende Merkmale der Gemeinen Goldwespe sind ihr magentafarbener Hinterleib und der blaugrün schimmernde Kopf- und Brustteil. Wie alle Goldwespen weisen die Tiere einen starken metallischen Glanz auf.
Lebensraum: In offenen Landschaften wie Trockenrasen und Brachflächen, aber auch in Parks und Gärten, an Waldrändern und im Siedlungsbereich.
Nistort: Niststandorte ihrer Wirtsarten.
Flugzeiten: April bis September mit ein oder zwei Generationen.
Biologie: Die Weibchen dieser Art parasitieren die solitär lebenden Lehmwespen der Gattung *Ancistrocerus*. Während der Wirt seine Brutzellen mit Proviant versorgt, dringen sie in dessen Nistanlage ein und legen dort Eier ab. Die zuerst schlüpfende Goldwespenlarve frisst zunächst die Larven konkurrierender Artgenossen, ehe sie die Wirtslarve und dann die eingelagerten Beutetiere verzehrt. Nach rund zwei Wochen spinnt sie sich dann ein. Je nach Wirtsart überwintert die Goldwespe als Ruhelarve oder als fertig entwickeltes Vollinsekt. Bildet die Wirtsart eine zweite Generation, tut es auch die Gemeine Goldwespe.

Info

Diese Art ist die häufigste und auffälligste Goldwespen-Art an Wildbienen-Nisthilfen. Dort lässt sich auch die an Lehmwespen (*Symmorphus-Arten*) parasitierende Blaugrünrote Goldwespe (*Chrysis fulgida*) beobachten. Ihr erstes Hinterleibssegment ist im Unterschied zu dem der Gemeinen Goldwespe blaugrün statt rot gefärbt.

 *Parasit*   *V–VII*   *Gangnisthilfen*

Keulhornwespe

Sapyga clavicornis

Merkmale: Die 7,5–12 mm großen Weibchen und die 8–10 mm großen Männchen sind beide gelb-schwarz gezeichnet. Das Hinterleibsende der Weibchen läuft sehr spitz zu. Die namengebenden keulenartigen Verdickungen an den Fühlerenden sind bei den Männchen deutlicher ausgeprägt als bei den Weibchen.
Lebensraum: Brachflächen, Waldränder und Lichtungen mit Totholz, oft in der Nähe von Hahnenfußgewächsen; auch im Siedlungsbereich.
Nistort: Nester ihrer Wirtsarten.
Flugzeiten: Die Art fliegt zwischen Anfang Mai und Ende Juli mit einer Generation.
Biologie: Die Art parasitiert die Hahnenfuß-Scherenbiene (*Chelostoma florisomne*, Seite 133), aber auch die Mauerbienen *Osmia bicornis* (Seite

132) und *O. caerulescens* (Seite 129). Männchen und Weibchen finden sich an den Nestern ihrer Wirtsarten ein und verpaaren sich dort. Die Weibchen prüfen während der Bevorratungsflüge der Wirtsbiene regelmäßig den Baustatus des Nestes und legen dann in einem günstigen Moment oft mehrere Eier direkt in den Pollenkuchen. Man erkennt dies an der anschließend von Pollen bepuderten Hinterleibsspitze des Wespenweibchens. Nach nur 2 bis 3 Tagen schlüpfen die sehr mobilen Wespenlarven, die sich dann untereinander mit ihren spitzen Kieferzangen tödliche Duelle liefern, bis nur noch eine einzige übrig ist. Diese verzehrt zunächst das Ei des Wirtes und danach die Pollenvorräte. Zu diesem Zweck sind die späteren Larvenstadien mit breiteren Kieferzangen ausgestattet. Anschließend erfolgt die Verpuppung; beide Geschlechter überwintern nach dem Schlupf.

 solitär VI–IX Boden

Borstige Dolchwespe

Scolia hirta

Merkmale: Diese große Wespe erkennt man sofort – mit ihrer Körperlänge von 16–22 mm, dem schwarz glänzenden Körper mit breiten gelben Binden auf dem Hinterleib und den bräunlich getönten Flügeln ist sie ein auffälliger Blütenbesucher. Die gelben Binden befinden sich auf dem 2. und 3. Hinterleibssegment, was sie von einer nahe verwandten kleineren Dolchwespen-Art (*S. sexmaculata*) unterscheidet, bei der die Binden auf dem 3. und 4. Hinterleibssegment liegen.

Lebensraum: Warme Lebensräume der Wirtsarten.

Nistort: Boden, an Vorkommen von Blatthornkäferlarven.

Flugzeiten: Die Art hat nur eine Generation im Jahr. Sie fliegt zwischen Juni und September.

Biologie: Die Borstige Dolchwespe sucht für ihre Fortpflanzung nach den im Boden lebenden Larven von Blatthornkäfern der Gattungen *Anomala* und *Potosia*. Sie gräbt sich zu den Engerlingen durch und lähmt sie mit einem Stich. Dann legt sie an dem wehrlosen Opfer ein Ei ab. Die daraus schlüpfende Larve frisst den Engerling auf und spinnt einen Kokon, in dem sie als Ruhelarve überwintert. Erst im darauffolgenden Jahr gräbt sich die neue Wespengeneration ans Tageslicht.

Info

Die Tiere besuchen gerne Kugeldisteln und sind eher in trockenwarmen Regionen Ostdeutschlands zu finden.

 *Parasit* V–VIII Boden

Europäische Spinnenameise

Mutilla europaea

Merkmale: Die 10–15 mm großen Weibchen sind auffällig behaart. Der Brustabschnitt ist rot, der Hinterleib schwarz mit drei weißen Binden. Wie für die Familie der Ameisenwespen typisch, ist das Weibchen flügellos. Eine Besonderheit ist der Stridulationsapparat am Hinterleib, mit dem Weibchen wie Männchen hörbare Zirpgeräusche produzieren können.
Lebensraum: Wie die Wirtsart, also Wiesen, Waldränder und lichte Wälder, Uferböschungen, Gärten.
Nistort: Nester ihrer Wirtsart.
Flugzeiten: Eine Generation im Jahr, fliegt zwischen Ende Mai und Ende August. Gelegentlich tritt auch eine zweite Generation auf.
Biologie: Die Art parasitiert Hummelnester,

insbesondere der Ackerhummel (*Bombus pascuorum*, Seite 147). Die Weibchen graben sich zum Hummelnest vor und legen an den Larven Eier ab. Sie überstehen die heftige Gegenwehr der Arbeiterinnen in der Regel unbeschadet. Die aus dem Wespenei schlüpfende Larve verzehrt Hummellarven sowie Vorräte.

Vorsicht

Diese ungewöhnlichen Wespen können auch einen Menschen schmerzhaft stechen, sofern man mit den flinken Weibchen überhaupt in Berührung kommt. Die Verbreitung und der genetische Austausch finden ausschließlich über die geflügelten Männchen statt. Sie transportieren die flugunfähigen Weibchen bei der Paarung in neue Gebiete.

 sozial   IV–X   Dachböden, Felsspalten

Haus-Feldwespe

Polistes dominulus

Merkmale: Die Königinnen dieser Wespen-art sind 13–18 mm groß, die Arbeiterinnen 12–15 mm, die Männchen 12–16 mm. Der Kopf-schild ist gelb, gelegentlich mit einer variablen schwarzen Zeichnung, z. B. einem einzelnen Punkt oder Streifen. Die Hinterleibszeichnung ist variabel gelb-schwarz, die Antennen sind ab dem dritten Geißelglied gelborange. Wie für Feldwespen typisch, ist die sogenannte Wespen-taille bereits im Flugbild sehr gut zu erkennen, ebenso wie die herabhängenden Beine.
Lebensraum: Offene, warme Landschaft, sehr häufig im Siedlungsbereich.
Nistort: Witterungsgeschützte, trockene und sehr warme Hohlräume (z. B. Dachböden, unter Ziegeln).
Flugzeiten: Anfang April bis Anfang Oktober.

Biologie: Ähnlich wie die Heide-Feldwespe (rechte Seite) findet auch bei dieser Art die Nest-gründung allein oder in Gruppen von mehreren Weibchen statt, wobei in letzterem Fall eine Rangfolge die Aufgabenverteilung im Nest re-gelt. Falls das Eier legende dominante Weibchen stirbt oder geschwächt wird, kann sich diese Rangfolge ändern. Hierbei erkennen die Tiere einander an der individuellen Gesichtszeich-nung. Das Gemeinschaftsnest besteht aus einer einzelnen Wabenetage ohne Hülle mit einem Durchmesser von über 10 cm, die in unseren Breiten nur mit einem einzigen Stiel am Unter-grund befestigt wird. Das Wespenvolk umfasst selten mehr als 30 Arbeiterinnen. Es stirbt nach Anzucht und Ausflug der jungen Männchen und Königinnen restlos ab; gerne kommen die jun-gen Königinnen im nächsten Jahr zurück, um in der Nähe des alten Nestes ein neues zu gründen.
Parasiten: Parasiten sind die Kuckucks-Feldwes-pen *Polistes sulcifer* und *P. atrimandibularis*.

 sozial   V–IX   Sträucher, an Felsen/Mauern

Heide-Feldwespe

Polistes nimpha

Merkmale: Die bis zu 16 mm großen, gelb-schwarz gezeichneten Tiere sind bereits im Flug gut als Feldwespen zu erkennen: Die deutliche Einschnürung zwischen Brust und Hinterleib und die im Flug oft hängenden Beine sind charakteristisch für die Artengruppe. Die Weibchen haben gelbe Wangen und schwarze Kieferzangen, was sie von den ähnlichen Arten Berg-Feldwespe (*P. biglumis*) und Zierliche Feldwespe (*P. bischoffi*) unterscheidet, die beide schwarze Wangen haben (gelegentlich mit gelben Flecken). Im Gegensatz zu der häufigen Haus-Feldwespe (*P. dominulus*, linke Seite) nistet die Heide-Feldwespe gerne an Gräsern oder niedrigen Sträuchern.
Lebensraum: Heideflächen, Halbtrockenrasen.
Nistort: An Pflanzenstängeln, auch an Felsen.

Flugzeiten: Die Art fliegt zwischen Mai und September.
Biologie: Feldwespen gründen ihre Nester allein oder in kleinen Gruppen aus mehreren Weibchen. In diesen Ansammlungen bildet sich eine Rangfolge heraus, bei der nur das ranghöchste Tier Eier legt, während die untergeordneten Weibchen für den Nestbau und die Versorgung der ersten Brut zuständig sind, ehe sie dann mit dem Schlupf der ersten Arbeiterinnen vertrieben werden. Aus abgeschabten und mit Speichel vermengten Holzfasern wird ein hüllenloses Nest mit einer einzelnen Wabenetage von etwa 11 × 5 cm Grundfläche gebaut, das mit einem Stiel an Pflanzenstängeln befestigt ist. Die im Sommer schlüpfenden Weibchen verpaaren sich und überwintern in Verstecken, z. B. unter Holzstapeln.
Parasiten: Die Art wird vermutlich von der Kuckucks-Feldwespe *Polistes semenowi* parasitiert.

 sozial V–X  Baumhöhlen, Hornissennistkästen

Hornisse

Vespa crabro

Merkmale: Die mit bis 35–38 mm besonders großen Königinnen und 18–25 mm großen Arbeiterinnen fallen auch durch die kräftig gelb-schwarze Musterung des Hinterleibs und die röt-lichen Beinansätze auf. Die Brust und der obere Teil des Kopfes zeigen eine rotbraune Zeichnung. Ähnlich gemustert, jedoch wesentlich kleiner und schlanker sind die Königinnen der Mittleren Wespe (*Dolichovespula media,* rechte Seite).
Lebensraum: Lichte Altbaumbestände, Waldrän-der, Parkanlagen, gerne in Wassernähe; auch im Siedlungsbereich.
Nistort: Geschützte, warme Hohlräume (z. B. hohle Bäume, Nistkästen).
Flugzeiten: Ende April bis Ende Oktober.
Biologie: Die Hornissenkönigin baut im Mai ihr Nest und zieht darin die erste Generation von Ar-beiterinnen auf, die dann die weitere Versorgung des Nestes und dessen Ausbau übernehmen. Aus zerkautem morschem Holz errichtet, besteht das Nest aus meist 7 bis 10 Wabenetagen, die von einer mehrschichtigen Hülle mit breiten Lufttaschen umgeben sind. Die zylindrischen, unten weit offenen Bauten können bei bis zu 30 cm Durchmesser über 50 cm hoch werden. Die maximale Zahl von Arbeiterinnen (bis zu 700) wird in der Regel Ende August erreicht. Die Männ-chen erscheinen im August, im September kann man sie an besonnten, lichten Baumreihen beim Abfliegen fester Paarungsplätze beobachten. Die jungen Königinnen treten etwas später auf und ziehen sich nach der Paarung zum Überwintern zurück. Die Nester werden nicht wieder besiedelt.
Parasiten: Hummelwachsmotte (*Aphomia so-ciella*) und Dörrobstmotte (*Plodia interpunctella*) können schwache Hornissenvölker befallen. Auch die Hornissenschwebfliege (*Volucella zona-ria*) parasitiert die Völker.

 sozial

 IV–IX

 Sträucher, Fassadengrün

Mittlere Wespe

Dolichovespula media

Merkmale: Die Mittlere Wespe fällt durch ihre uneinheitliche Färbung innerhalb des Volkes auf. Die Königinnen haben rötliche Beinansätze und eine gelb-rote, an zwei gespiegelte Einsen erinnernde Zeichnung auf der ansonsten schwarzen Brust. In Färbung und Größe (18–21 mm) ähneln sie der Hornisse und unterscheiden sich deutlich von den gelb-schwarz gezeichneten und kleineren (15–19 mm) Arbeiterinnen. Bedingt durch unterschiedliche Nesttemperaturen bei der Entwicklung variiert deren Körperfärbung jedoch, so dass auch fast vollkommen schwarze Arbeiterinnen auftreten. Die beigegrauen Nester mit bis zu 30 cm Durchmesser haben eine glänzende Oberfläche und sind relativ fest.
Lebensraum: Lichte Wälder, Siedlungsbereich.
Nistort: Im Astwerk von Sträuchern, Bäumen, Hecken und Fassadengrün (Efeu, Rhododendron u. a.).
Flugzeiten: Ende April bis Mitte September (selten bis Oktober); die Arbeiterinnen fliegen ab Ende Mai, die auffälligen jungen Königinnen ab Ende Juli.
Biologie: Diese Art ist im Siedlungsbereich die einzige, die ihre Nester freihängend in Astwerk, selten auch direkt an Fassaden (Giebel, Fensterfaschen) errichtet. Oft bleibt sie lange unentdeckt und macht dann erst bei Neststörungen (z. B. beim Heckenschneiden) mit schmerzhaften Stichen auf sich aufmerksam. Die Königin baut das Anfangsnest häufig mit einem schlauchartig verlängerten Eingang, der später wieder zurückgebaut wird. Die Völker können bis zu 500 Arbeiterinnen umfassen, die das Nest nach dem Abflug der jungen Königinnen und Männchen im August manchmal noch bis Ende September bewohnen. Die schnellen, wendigen Tiere jagen gerne Fliegen.

 sozial IV–IX Baumhöhlen, Hornissennistkästen

Sächsische Wespe

Dolichovespula saxonica

Merkmale: Die Königinnen sind 15–18 mm groß, die Arbeiterinnen 11–14 mm. Der Kopf (Foto Seite 28) wirkt bei dieser typischen Langkopfwespe schmal und herzförmig, mit deutlichem Abstand zwischen Augenunterkante und Kieferzangenansatz. Neben der Gesichtszeichnung, in der Regel bestehend aus einem schwarzen stehenden Dreizack auf dem gelben Kopfschild und zwei einzelnen gelben Schläfenflecken, kann auch das Nest zur Artbestimmung dienen: Die freihängenden, graufarbigen, glatten Bauten mit bis zu 25 cm Durchmesser sehen aus wie ein gewickelter Schal und haben meist nur einen einzigen Eingang am unteren Ende.
Lebensraum: Wälder, Waldränder, Parks und Gärten; auch im Siedlungsbereich häufig.
Nistort: Größere, lichte Hohlräume wie Baumhöhlen, Dachböden, Gartenschuppen, Vogelnisthöhlen, auch unter Dachüberständen.
Flugzeiten: April bis Anfang September, die Arbeiterinnen fliegen ab Juni.
Biologie: Die Königinnen beginnen Ende April/Anfang Mai mit dem Nestbau und ziehen die erste Arbeiterinnengeneration selbst heran. Die Nester haben bis zu 6 Wabenetagen, deren Ränder an den Seiten stark nach oben gebogen sind. Die Völker haben in der Regel nur bis zu 300 Arbeiterinnen bei einer Volksstärke (inkl. aller Entwicklungsstadien) von rund 1000 Individuen. Nach dem Ausfliegen der jungen Königinnen und der Männchen stirbt das Nest oft in weniger als 14 Tagen komplett aus, so dass es häufig schon Anfang August verwaist ist. Diese Wespenart ist sehr friedlich und reagiert erst bei schweren Nesterschütterungen mit Stichen.
Parasiten: Die Falsche Kuckuckswespe (*Dolichovespula adulterina*) parasitiert diese Art.

 sozial V–IX 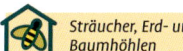 Sträucher, Erd- und Baumhöhlen

Waldwespe

Dolichovespula sylvestris

Merkmale: Die Königinnen der Waldwespe sind 14–19 mm groß, die Arbeiterinnen 13–15 mm. Die Art ähnelt in Erscheinungsbild und Nestbau der Sächsischen Wespe, ist im Siedlungsbereich jedoch deutlich seltener anzutreffen. Wie diese gehört sie zur Gattung der Langkopfwespen mit der typischen schmalen, herzförmigen Kopfform und deutlichem Abstand zwischen Augenunterkante und Kieferzangenansatz. Ihr Kopfschild ist gelb, gelegentlich mit einem einzelnen schwarzen Punkt in der Mitte. Ihre grauen Nester errichtet sie, anders als die Sächsische Wespe, oft in Erdmulden, unter Wurzeltellern oder im Gebüsch. **Lebensraum:** Lichte Wälder; im Randbereich von Siedlungsgebieten seltener als die Sächsische Wespe (*D. saxonica,* linke Seite). **Nistort:** Sträucher, hohle Bäume, Erdhöhlen.

Flugzeiten: Mai bis Anfang September, die Arbeiterinnen erscheinen ab Ende Mai. **Biologie:** Anfang Mai beginnen die Königinnen mit dem Nestbau, ab Ende Mai übernehmen die ersten Arbeiterinnen diese Aufgabe, so dass sich die Königin nun allein der Eiablage widmen kann. Bis Ende August werden bis zu 6 Wabenetagen mit über 900 Zellen errichtet, von denen etwa zwei Drittel zur Aufzucht von Königinnen und Männchen dienen. Die von einer grauen, glatten Hülle umgebenen Nester beherbergen meist weniger als 300 Arbeiterinnen bei einer Volksstärke von rund 800 Individuen (inkl. aller Entwicklungsstadien). Die jungen Königinnen verpaaren sich und überwintern an geschützten Stellen, z. B. in Totholz oder zwischen Kaminholzscheiten. Diese Wespenart ist sehr friedlich, verschmäht süße Lebensmittel und reagiert erst bei schweren Nesterschütterungen mit Stichen. **Parasiten:** Die Waldkuckuckswespe *Dolichovespula omissa* parasitiert diese Art.

 sozial

 IV–IX

 Sträucher, Erdmulden

Norwegische Wespe

Dolichovespula norwegica

Merkmale: Die Königinnen sind 15–18 mm groß, die Arbeiterinnen 11–14 mm. Der Kopf dieser typischen Langkopfwespe wirkt durch den deutlichen Abstand zwischen Augenunterkante und Kieferzangenansatz schmal und herzförmig. Ihr gelber Kopfschild hat in der Regel einen durchgehenden senkrechten Streifen. Auf den ersten Segmenten des Hinterleibs trägt sie eine rote Bänderung, die jedoch auch fehlen kann. Auf den ersten, flüchtigen Blick kann die Art mit der Roten Wespe (*Vespula rufa,* rechte Seite) verwechselt werden.
Lebensraum: In den höheren Lagen der Mittelgebirge an Waldrändern und Wiesen; im Siedlungsbereich selten.
Nistort: Bodennah in Strauchwerk, Erdmulden, auch unter Wurzeltellern.

Flugzeiten: Zwischen Ende April und Mitte September, wobei Arbeiterinnen ab Anfang Juli zu beobachten sind, junge Königinnen ab Ende Juli.
Biologie: Die Königin gründet das Nest und zieht die erste Arbeiterinnengeneration allein heran. Diese setzt den Ausbau des Nestes fort, wobei die Tiere als Baumaterial zerbissene Holzfasern verwenden, die sie mit Speichel zu einem papierartigen Brei verkneten. Im Gegensatz zu anderen Wespenarten nutzen sie dazu auch festes, gesundes Holz. Im Lauf der Zeit erreicht das Nest bis zu 25 cm Durchmesser. Das Volk kann auf bis zu 1500 Tiere anwachsen (inkl. aller Entwicklungsstadien), davon bis zu 300 Arbeiterinnen. Diese waldbewohnende Art ernährt sich und ihre Brut von Fliegen, Nektar und den süßen Ausscheidungen von Blattläusen. Die Tiere sind friedlich und werden nicht an Lebensmitteln lästig.
Parasiten: Die Falsche Kuckuckswespe (*Dolichovespula adulterina*) parasitiert an dieser Art.

 sozial   IV–IX   Boden

Rote Wespe

Vespula rufa

Merkmale: Die Rote Wespe gehört zur Gattung der Kurzkopfwespen, kenntlich am eher runden Kopf, bei dem die Kieferansätze direkt an die Augenunterkante anschließen. Sie ist gelb-schwarz gezeichnet, mit roter Bänderung auf den ersten Segmenten des Hinterleibs, die jedoch auch fehlen oder stark reduziert sein kann. Der gelbe Kopfschild trägt einen senkrechten Streifen, die Einbuchtung der nierenförmigen Augen ist im unteren Bereich gelb gefärbt.
Lebensraum: Offene, kühlere Regionen – Wälder, Moorgebiete, gerne in Wassernähe; im Siedlungsbereich sehr selten.
Nistort: Boden, selten oberirdisch.
Flugzeiten: Zwischen Ende April und Mitte September; die Arbeiterinnen erscheinen ab Ende Mai, Männchen ab Anfang August.

Biologie: Nach der Nestgründung zieht die Königin die erste Arbeiterinnengeneration selbst heran. Diese übernimmt den weiteren Ausbau des Nestes, dessen Durchmesser selten mehr als 20 cm erreicht. Die Nesthülle ist glatt und grau ohne markante Lufttaschen und enthält etwa 3 bis 5 Wabenetagen mit bis zu 1000 Zellen. Das Wespenvolk umfasst in der Regel höchstens 350 Arbeiterinnen bei etwa 700 Individuen (inkl. aller Entwicklungsstadien). Die Brutzellen der Arbeiterinnen werden – anders als bei anderen Wespenarten – nur einmal genutzt. Nach dem Ausfliegen der jungen Königinnen und Männchen im August geht das Nest bald zugrunde. Die jungen Königinnen überwintern nach der Paarung an geschützten Orten, etwa unter Baumrinde oder in Erdlöchern. Im Gegensatz zu anderen Kurzkopfwespen geht diese Art weder an Fleisch noch an sonstige Lebensmittel.
Parasiten: Die Österreichische Kuckuckswespe (*Vespula austriaca*) parasitiert diese Art.

 sozial IV–X Boden, Dachböden

Gemeine/Deutsche Wespe

Vespula vulgaris/germanica

Merkmale: Beide Arten sind sich recht ähnlich. Die Königinnen der Gemeinen Wespe sind 16–19 mm groß, die Arbeiterinnen 11–14 mm – die der Deutschen können etwas größer werden. Beide Arten sind gelb-schwarz gezeichnete typische Kurzkopfwespen mit eher rundem Kopf ohne Abstand zwischen Augenunterkante und Kieferzangenansatz. Der gelbe Kopfschild trägt bei der Gemeinen (links) einen nach unten verbreiterten senkrechten Strich, bei der Deutschen (rechts) eine Zeichnung aus ein bis drei schwarzen Punkten. Die Schläfenpartie hinter den Augen ist bei der Gemeinen mit zwei gelben Flecken markiert, die manchmal nur schwach voneinander getrennt sind. Bei der Deutschen ist diese Partie großflächig gelb.

Lebensraum: Verbreitet, auch in Siedlungen.
Nistort: Geschützte, warme, enge Hohlräume – oft im Boden, auch hinter Verschalungen.
Flugzeiten: Zwischen Ende April und Ende Oktober; Arbeiterinnen fliegen ab Ende Mai, junge Königinnen und Männchen ab Mitte August.
Biologie: Die Königin beginnt nach der Winterruhe mit dem Bau des Nestes, das sie aus verwittertem, fein zerraspeltem und eingespeicheltem Holz errichtet. Die erste Arbeiterinnengeneration übernimmt dann die weiteren Versorgungsarbeiten. Mit über 80 cm Durchmesser können die Nester sehr groß werden. Ende August wird mit über 10 000 Arbeiterinnen die größte Volksstärke erreicht.

Info

Die Tiere werden im Sommer oft durch ihren Appetit auf Fleisch oder süße Lebensmittel lästig.

 solitär   VI–VIII   an Felsen/Mauern

Große Lehmwespe

Delta unguiculatus

Merkmale: Mit 20–26 mm Körperlänge ist dies die größte solitäre Faltenwespe Mitteleuropas. Wegen der rötlichen Beine und dunkelroten Brustzeichnung in Kombination mit der deutlichen schwarz-gelben Zeichnung des Hinterleibs wird sie oft mit der Hornisse (*Vespa crabro*, Seite 154) verwechselt. Ein deutliches Unterscheidungsmerkmal ist aber die ausgeprägte stielartige Verbindung zwischen Hinterleib und Brust bei der Lehmwespe.
Lebensraum: Gebirgsregionen, im Siedlungsbereich (besonders im süddeutschen Raum) häufig anzutreffen, mit Tendenz zur Ausbreitung.
Nistort: Lehmbauten an Hauswänden, Mauern, Felsen.
Flugzeiten: Juni bis August mit einer Generation im Jahr.

Biologie: Die imposanten und sehr stabilen Nestbauten werden oft hoch oben an Hauswänden errichtet. Als Untergrund schätzt die Große Lehmwespe besonders helle, raue und gut besonnte Oberflächen. Bis zu 7 Lehmzellen werden nebeneinander gebaut und mit einer abschließenden Schicht überzogen, so dass die Nestanlage wie ein an die Wand geworfener Lehmklumpen aussieht. Pro Zelle werden 2 bis 3 Kleinschmetterlingsraupen eingetragen, die zuvor mit einem Stich gelähmt wurden. Dann heftet das Weibchen ein einzelnes Ei an die Decke der Zelle und verschließt sie fest. Die geschlüpfte Larve saugt die Raupen aus und spinnt sich bereits nach 12 Tagen ein. Leider werden die Nester dieser imposanten Lehmwespe häufig aus Unwissenheit für Verschmutzungen gehalten und bei der Fassadenreinigung zerstört.

 solitär   V–X   Sträucher, Ritzen und Spalten

Pillenwespe

Eumenes pedunculatus

Merkmale: Der Hinterleib dieser schlanken schwarzen Wespe ist mit einer knotigen Verdickung abgesetzt und mit wenigen gelben Ringen gezeichnet. Es gibt 7 Pillenwespen-Arten in Deutschland, die nur sehr schwer voneinander zu unterscheiden sind. Die typische Nistweise in selbstgebauten Hohlkugeln aus Lehm hat den Pillenwespen auch den passenden volkstümlichen Namen „Töpferwespen" eingetragen.
Lebensraum: Trockenwarme, offene Landschaften wie Heide- und Brachflächen, auch an Abbaugruben und Waldrändern.
Nistort: Pflanzenstängel (z. B. der Besenheide); manche verwandte Arten nisten auch an Mauern, in Felsspalten oder in Ritzen von Trockenmauern.

Flugzeiten: Anfang Mai bis Anfang Oktober, teilweise mit einer zweiten Generation.
Biologie: Pillenwespen bauen ihre Nester in Form von kugelförmigen Lehmzellen, die sie oft nur wenige Zentimeter über dem Boden an Pflanzenstängel heften. Die Öffnung, durch die das Weibchen ein einzelnes Ei an die Decke der Zelle klebt, wird mit einem Lehmkragen versehen. Anschließend erbeutet die Wespenmutter Kleinschmetterlingsraupen, aber auch Rüsselkäferlarven, und lähmt sie mit einem Stich. Bis zu 10 Beutetiere werden als Proviant in die enge Zelle gestopft. Dann wird der Lehmkragen wieder abgebaut und die Zelle verschlossen.
Parasiten: Die Goldwespe *Chrysis ruddii* parasitiert bei dieser Art.

| solitär | V–VIII | markhaltige Stängel |

Lehmwespe

Gymnomerus laevipes

Merkmale: Die 9,5–11 mm große Lehmwespe ist schwarz-gelb gezeichnet. Am Hinterleib befinden sich am hinteren Rand jedes Segments gelbe Streifen, das 5. und 6. Hinterleibssegment können durchgehend gelb gefärbt sein.
Lebensraum: Lichte Wälder und Waldränder; auch im Siedlungsbereich.
Nistort: Im Innern von Brombeerstängeln und Schilfhalmen.
Flugzeiten: Mitte Mai bis Mitte August mit einer, gelegentlich auch zwei Generationen.
Biologie: Die Art nistet in abgestorbenen Pflanzenstängeln, die Bruchstellen aufweisen müssen, damit sie eindringen kann. Die Wespe entfernt mit den Kieferzangen das Mark und kleidet den hohlen Stängel mit einer lehmartigen Masse aus. Nach der Eiablage fängt sie Blattkäferlarven, lähmt sie mit einem Stich und stopft sie in den Stängel, der anschließend mit einem Pfropfen aus zerkautem Pflanzenmark verschlossen wird. Die Larve verzehrt die Beutetiere und arbeitet sich während ihrer Entwicklung langsam zum Verschlusspfropfen des Nestes vor. Dort spinnt sie sich in einen Kokon ein, in dem sie als Ruhelarve überwintert, um dann im späten Frühjahr als fertige Wespe hervorzukommen. Bei der Paarung setzt sich das Männchen auf das Weibchen und wirbt mit Fühlerkontakt so lange, bis sich das Weibchen paarungsbereit zeigt.
Parasiten: Die Art wird von den Goldwespen *Chrysis fasciata*, *C. indigotea* und *C. rutilans* parasitiert.

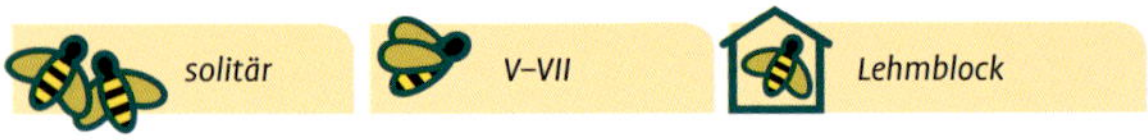

 solitär V–VII Lehmblock

Gemeine Schornsteinwespe

Odynerus spinipes

Merkmale: Mit 9,5–12,5 mm ist dies eine eher kleine Faltenwespen-Art. Sie ist schwarz-gelb gezeichnet, mit schmalen gelben Binden am schwarzen Hinterleib und einem feinen gelben Nackenband am schwarzen Brustabschnitt. Die Beine sind am Ansatz schwarz, in der unteren Hälfte gelb. Die Art ist generell am besten an ihrer ungewöhnlichen Nistweise zu erkennen.
Lebensraum: Lehmabbaugruben, Lehmfachwerk, Sandstein, Abbruchkanten, Hohlwege, Gewässersteilufer.
Nistort: Lehm- und Lösswände, Trockenmauern.
Flugzeiten: Anfang Mai bis Ende Juli mit einer Generation.
Biologie: Die Gemeine Schornsteinwespe gräbt beim Nestbau in eine sonnenexponierte Steilwand einen 6–8 cm langen Gang, von dem die Brutzellen traubenförmig abgeteilt werden. Der anfallende Aushub wird mit Wasser und den Absonderungen von Schaumzikaden verknetet und außen an die Öffnung des Ganges angelagert. Dadurch bildet sich eine anfangs waagrechte, später nach unten gekrümmte Röhre aus locker verklebten Lehmkügelchen – der für die Gattung namensgebende „Schornstein". Die Zellen werden mit einem einzelnen Ei bestückt. Als Proviantvorrat werden die Larven von Rüsselkäfern eingetragen, besonders des Luzerneblattnagers (*Hypera postica*), der als landwirtschaftlich bedeutender Schädling gilt. Gelegentlich stehlen sich die Weibchen die Beute aus den Bruthöhlen. Zum Verschluss der Brutzellen wird das Material des „Schornsteins" verwendet, der dabei allmählich wieder abgebaut wird.
Parasiten: An dieser Wespe parasitieren die Goldwespen *Chrysis madiata*, *C. viridula* und *Pseudospinolia neglecta*.

 solitär   V–IX   Gangnisthilfen

Lehmwespe

Symmorphus bifasciatus

Merkmale: Die Art *Symmorphus bifasciatus* ist im Deutschen ebenso wie *Gymnomerus laevipes* (Seite 163) unter dem Namen „Lehmwespe" geläufig, es handelt sich aber um zwei verschiedene Gattungen. Die Lehmwespe *Symmorphus bifasciatus* ist 7–11 mm groß, gelb-schwarz gezeichnet und nur schwer von anderen Arten der Gattung abzugrenzen; sie ist aber eine der häufigsten. Ein mögliches Unterscheidungsmerkmal findet sich am 3. Körpersegment des Hinterleibs, das oft durchgehend schwarz gefärbt ist. Der Hinterleib ist durch die gut sichtbare Wespentaille deutlich von der Brust getrennt.
Lebensraum: Verbreitet, auch in Siedlungen.
Nistort: Totholz, Pflanzenstängel, Schilf, Gallen von Halmfliegen der Gattung *Lipara*.

Flugzeiten: Die Tiere sind zwischen Anfang Mai und Ende September unterwegs.
Biologie: Die Weibchen nutzen für den Nestbau verlassene Käferbohrgänge in Totholz oder hohle Stängel von Schilf sowie Pflanzengallen. Als Proviantvorrat bestücken sie die Brutzellen mit den Larven von Blattkäfern, die sie mit einem Stich lähmen und in die Zellen stopfen. Die Zwischen- und Abschlusswände der Brutnester werden aus Lehm gemauert.
Parasiten: Es parasitieren die Goldwespen *Chrysis ignita* (Seite 148) und *C. fulgida*.

Nisthilfe

Die Art nimmt Nisthilfen mit Röhrendurchmessern von 4–5 mm gerne an. An Lehm-Nisthilfen kann man die Weibchen gut beim Befeuchten und Abhobeln des Lehms beobachten.

 solitär   IV–X  Spalten und Hohlräume

Tönnchenwegwespe

Auplopus carbonarius

Merkmale: Die Tönnchenwegwespe ist 7–10 mm groß und komplett schwarz gefärbt. Nur das Männchen hat einen weißen Fleck auf dem 7. Segment des Hinterleibs. Die Flügel der Tiere sind dunkel getönt.
Lebensraum: Offene Sandflächen, Brachflächen, Binnendünen, Halbtrockenrasen; auch im Siedlungsbereich.
Nistort: Unter Brettern, in Schneckenhäusern, auch an Steinen.
Flugzeiten: April bis Ende Oktober mit einer, eventuell auch mehreren Generationen.
Biologie: Die Art fällt durch ihre für die Wegwespen ungewöhnlichen Nestbauten auf. Sie werden nicht, wie für die Gattung typisch, in den Erdboden gegraben, sondern kunstvoll aus einem Gemisch von Lehm und Speichel errichtet.

Diese tönnchenförmigen Lehmbauten können versteckt in unterschiedlichsten Hohlräumen, aber auch offen an Steinen gebaut werden, oft auch zu mehreren nebeneinander oder dicht an dicht von verschiedenen Weibchen. Die Tönnchenwegwespe lässt sich häufig an Lehmnisthilfen beim Materialsammeln beobachten, wo sie selbst harten Lehm mit herangetragenem Wasser befeuchtet, um ihn abtragen zu können. Die Weibchen leben nur etwa 6 Wochen und bauen in dieser Zeit bis zu 15 Tönnchen. Als Proviant für ihren Nachwuchs jagen sie Sackspinnen und Glattbauchspinnen, die sie nach dem lähmenden Stich an den Spinnenwarzen packen und vorwärts gehend transportieren. Gelegentlich entfernen sie einzelne Beine der Spinne, um sie besser transportieren zu können.

 solitär   V–X   Boden

Rotbeinige Wegwespe

Episyron rufipes

Merkmale: Diese 8–12 mm große Wegwespe ist schwarz mit je einem weißen Fleck auf dem 3. und oft auch auf dem 2. Hinterleibssegment sowie häufig einem weiteren an der Hinterleibsspitze. Das vordere Beinpaar ist schwarz, das mittlere und hintere im unteren Teil rötlich gefärbt. Die Flügel können wie bei allen Faltenwespen in der Ruhestellung der Länge nach gefaltet werden.

Lebensraum: Offene, wenig bewachsene Sandflächen wie Trampelpfade oder Binnendünen.

Nistort: Boden.

Flugzeiten: Zwei Generationen zwischen Mitte Mai und Anfang Oktober.

Biologie: Die Rotbeinige Wegwespe stellt Radnetzspinnen nach, die sie direkt aus den Netzen fängt, wenn sich die Tiere daraus abseilen wollen. Bevorzugt erbeutet sie Spaltenkreuzspinnen (*Nuctenea umbratica*). Zusätzlich versucht sie, ihren Artgenossinnen bereits erbeutete Spinnen abzunehmen. Die durch einen Stich gelähmten Beutetiere werden rückwärts gehend zum Nest gezogen, das die Weibchen dieser Art in lockerem Sand errichten. Sie bauen gerne in unmittelbarer Nähe zu Artgenossinnen, so dass regelrechte Nestkolonien entstehen können. Die Weibchen errichten manchmal auch Scheinnester, die nicht mit Proviant bestückt werden – eventuell, um Parasiten vom eigentlichen Nest abzulenken.

Parasiten: Die Art wird von den Kuckuckswegwespen *Evagetes crassicornis*, *E. pectinipes* und *Ceropales maculata* parasitiert.

 solitär VI–X Boden

Bleigraue Wegwespe

Pompilus cinereus

Merkmale: Die Weibchen der Bleigrauen Weg-wespe sind 5–12,5 mm groß, die Männchen nicht größer als 6 mm. Durch die schwarze Grundfärbung mit grauen Farbsprengseln wir-ken die Tiere wie eingestaubt. Der Kopf trägt sichelförmige Kieferzangen, die langen Beine machen diese Wespe zu einem gewandten, schnellen Läufer. In Dünenlandschaften ist sie die dominierende Wegwespen-Art.
Lebensraum: Sandbiotope ohne Aufwuchs, Küstendünen.
Nistort: Boden.
Flugzeiten: Die Art fliegt zwischen Anfang Juni und Anfang Oktober, teilweise mit einer zweiten Generation.
Biologie: Das Weibchen hebt bis zu 15 cm tiefe Nistgänge aus und macht sich dann auf die Jagd nach Wolfsspinnen. Hierbei pirscht sich diese Wespe zu Fuß an ihr Opfer heran, um es dann mit einem Satz anzuspringen. Im Unterschied zu anderen Wegwespen-Arten transportiert sie ihre Beute vor sich hertragend. Gelegentlich werden der Spinne die Beine abgebissen, um sie besser transportieren zu können. Nach der Versorgung einer Brutzelle mit Proviant wird das Nest verschlossen und der Vorrat für die nächste Zelle zusammengetragen. Die Wespe verscharrt die Beutetiere dafür zunächst in einer Mulde, dann legt sie den Nesteingang wieder frei und bringt die gesammelte Beute in die Brutzelle. Wenn alle Zellen bestückt sind, verschließt das Weibchen den Eingang und verdichtet den Bo-den gründlich durch Stöße mit dem Hinterleib. Die Weibchen übernachten in selbst gegrabenen Schlafhöhlen.
Parasiten: An dieser Wespe parasitiert die Kuckuckswespe *Ceropales maculata*.

 solitär   V–IX   Gangnisthilfen

Blattlaus-Grabwespe

Pemphredon lethifer

Merkmale: Der Hinterleib dieser 6–8,5 mm großen, einheitlich schwarz gefärbten Wespe ist mit einem kurzen Stiel deutlich abgesetzt. Von anderen Arten der Gattung ist sie nur schwer zu unterscheiden.

Lebensraum: Gärten, Parks, Waldgebiete mit Totholz und Unterholzvegetation, Streuobstwiesen; auch im Siedlungsbereich.

Nistort: Totholz, Pflanzenstängel, Pflanzengallen.

Flugzeiten: Die Art fliegt zwischen Mai und September, gelegentlich gibt es eine zweite Generation.

Biologie: Die Weibchen legen Liniennester oder verzweigte Nestbauten an. Die Nistanlagen haben in der Regel 6 bis 12 Zellen, es wurden aber auch schon Anlagen mit bis zu 43 Zellen gefunden. Die Weibchen können im Laufe ihres etwa 10-wöchigen Lebens 3 bis 4 solcher Nester fertigstellen. Als Beutetiere tragen sie pro Brutzelle bis zu 60 Blattläuse ein, die nicht unbedingt durch einen Stich gelähmt werden müssen. Gelegentlich bedienen sie sich auch vom Nestproviant anderer blattlausjagender Solitärwespen, um die eigenen Brutzellen zu versorgen. Je nach Temperatur schlüpft die Larve 1 bis 6 Tage nach der Eiablage und verzehrt innerhalb von 7 weiteren Tagen die eingelagerten Blattläuse. Zur weiteren Entwicklung spinnt sie dann einen Kokon und schlüpft bei Ausbildung einer zweiten Generation frühestens nach 30 Tagen. Ansonsten überwintert sie als Ruhelarve und schlüpft erst im Folgejahr.

Parasiten: Parasiten dieser Wespenart sind die Goldwespen *Trichrysis cyanea*, *Omalus aeneus* und *Pseudomalus auratus*.

 solitär VI–IX Gangnisthilfen

Grabwespe

Psenulus fuscipennis

Merkmale: Diese schwarze, 6–8 mm große Wespe ist von mehreren nahe verwandten Arten kaum zu unterscheiden; entsprechend ungenau ist die deutsche Bezeichnung „Grabwespe". Das zweite Segment des Hinterleibs ist als dünner Stiel geformt. Der restliche Hinterleib knickt nach dem Stielende etwas nach unten ab. Die Scheitelregion oberhalb der Augen ist in sehr feinen parallelen Linien gefurcht.
Lebensraum: Verbreitet, auch im Siedlungsbereich.
Nistort: Totholz, Pflanzenstängel.
Flugzeiten: Die Art fliegt zwischen Ende Juni und September mit einer Generation.
Biologie: Diese kleine Grabwespe besiedelt Käferfraßgänge und hohle Pflanzenstängel und nimmt auch Nistblöcke gerne an, wobei Gang-

durchmesser von 3,5–6 mm bevorzugt werden. In der Regel legen die Weibchen Liniennester mit bis zu 10 Zellen an. Nisten sie in markhaltigen Stängeln, werden diese entsprechend ausgenagt. Die Weibchen bestücken die Brutzellen mit 16 bis 47 Blattläusen der Familie *Aphididae*, wobei weibliche Nachkommen mehr Platz und Futter erhalten als männliche. Das Geschlecht bestimmt das Weibchen durch die Ablage von befruchteten (Weibchen) oder unbefruchteten Eiern (Männchen). Die Zell-Trennwände und der Nestabschluss bestehen aus einem seidenartig aushärtenden Speichelsekret. Innerhalb einer Woche vertilgen die Larven ihren Futtervorrat, geben dann – für diese Gattung typisch – Larvenkot ab (in Beobachtungsnistkästen als dunkles Knäuel in den Zellen erkennbar) und spinnen sich in einen Kokon ein. Gelegentlich kommt es auch vor, dass die Larven die Zellzwischenwände öffnen und sich in gemeinschaftliche Kokons einspinnen.

 solitär V–VIII Gangnisthilfen

Kleine Silbermundwespe

Lestica clypeata

Merkmale: Die Weibchen der Kleinen Silbermundwespe sind 9–12 mm groß, die Männchen 8–11 mm. Die Tiere sind gelb-schwarz gezeichnet. Der Kopfschild der Weibchen ist wie eine Nase nach vorn verlängert, bei den Männchen ist der Hinterkopf halsartig verlängert. Der Name „Silbermundwespe" bezieht sich auf die silberfarbene Behaarung an der Kopfunterseite.
Lebensraum: Lichte Wälder und Waldränder, Kahlschläge, Windbruchgebiete mit großem Angebot an Totholz; auch im Siedlungsbereich.
Nistort: Totholz.
Flugzeiten: Mitte Mai bis Mitte August mit einer, gelegentlich zwei Generationen.
Biologie: Die Kleine Silbermundwespe nistet in Fraßgängen im Totholz und baut darin hintereinanderliegende Brutzellen, die sie mit Querwänden aus Holzmulm trennt. Die Weibchen besiedeln dabei auch verlassene Nester verwandter Grabwespen-Gattungen wie *Ectemnius*. Die 10–15 cm langen Linienbauten werden mit Kleinschmetterlingen aus den Familien der Glasflügler und Rüsselzünsler als Proviantvorrat für die Larven ausgestattet.

Info

Diese kleine Wespe spielt eine wichtige Rolle bei der Bekämpfung der zahlreichen Schadinsekten aus der großen Familie der Glasflügler. Die Larven dieser Kleinschmetterlinge fressen sich während der mehrjährigen Entwicklungszeit durch den Wurzelstock von Bäumen und können dort große Schäden anrichten.

 Parasit   V–IX   Boden

Kuckucksgrabwespe

Nysson trimaculatus

Merkmale: Die 6–9 mm großen Wespen sind gelb-schwarz gezeichnet, wobei sie am Hinterleib nur an den Seiten gelbe Flecken tragen. In der Seitenansicht ist die im letzten Drittel stark abknickende Oberseite der Brustpanzerung gut zu sehen.
Lebensraum: Sandige Flächen, Waldränder, Brachen und andere typische Lebensräume der Wirtsarten, auch Kakteentöpfe oder selten genutzte Sandkästen.
Nistort: Nester ihrer Wirtsart.
Flugzeiten: Mitte Mai bis September.
Biologie: Die Art parasitiert andere Grabwespen. Ihr Hauptwirt ist die Grabwespe *Gorytes laticinctus*. Diese macht Jagd auf Schaumzikaden, die sie mit einem Stich lähmt und in ihr Nest trägt. Die Kuckucksgrabwespe wartet, bis die Wirts-

mutter ausgeflogen ist, dann gräbt sie den Nestverschluss auf und versteckt ein Ei unter dem Flügel einer dort deponierten Zikade. Danach verschließt sie den Nesteingang wieder sorgfältig. Für den Fall, dass es zu einer unverhofften Begegnung mit dem Wirtsweibchen kommt, ist sie durch ihren stark verdickten Chitinpanzer gut geschützt, denn manche Wirte erkennen und vertreiben die Kuckucksgrabwespe. Ihre Larve schlüpft vor der des Wirtes, saugt dessen Ei aus und verzehrt dann die deponierten Zikaden. Vermutlich parasitiert die Art auch andere Grabwespen-Arten, die ihre Brutzellen ebenfalls mit Schaumzikaden versorgen.

 solitär VI–IX Boden

Fliegenspießwespe

Oxybelus bipunctatus

Merkmale: Diese nur 3,5–6 mm große Wespe ist an ihrem Hinterleib mit bronzefarbenem Glanz und weißlichen Seitenflecken recht gut zu erkennen, außerdem an der Art und Weise des Beutetiertransports.
Lebensraum: Sandflächen; auch im Siedlungsbereich, dort in Pflasterfugen, an Trampelpfaden und auf Brachflächen.
Nistort: Boden.
Flugzeiten: Die Art fliegt zwischen Juni und September mit einer, gelegentlich zwei Generationen.
Biologie: Die Weibchen der Fliegenspießwespe bilden oft recht große Nistkolonien. Sie graben in flachem Winkel Gänge in den Sand, die bis in 6 cm Tiefe reichen; am Ende wird jeweils eine einzelne Brutzelle angelegt. Als Proviant erbeutet das Weibchen Fliegen. Dazu stürzt es sich aus dem Flug auf ihre meist sitzende Beute, sticht sie zwischen Kopf und Brust und trägt das oft noch am Stachel hängende Opfer (daher der Name „Fliegenspießwespe") zum Nest. Für die Dauer dieser Beuteflüge wird die Nestanlage stets verschlossen, um Brutparasiten fernzuhalten. Allerdings werden die Weibchen auf ihren Jagdflügen oft von parasitischen Fleischfliegen der Gattung *Metopia* bedrängt. Die Wespen versuchen, die Verfolger durch geschickte Flugmanöver abzuschütteln. Am Ziel angekommen, verschwinden sie dann rasch im Nest, um die Ablage von Fleischfliegen-Eiern auf dem Beutetier zu verhindern.
Parasiten: Die Goldwespe *Hedychridium ardens* parasitiert diese Wespe.

 solitär V–IX Boden

Bienenwolf

Philanthus triangulum

Merkmale: Die Weibchen sind 13–17 mm groß, die Männchen 8–10 mm. Diese gelb-schwarz gefärbte Wespe ist an der dreizackigen Gesichtszeichnung (Foto Seite 19) gut zu erkennen. Im Flug streckt der Bienenwolf die Antennen typischerweise nach vorne aus. Ein weiteres Merkmal ist seine Spezialisierung auf Honigbienen (*Apis mellifera*, Seite 140) als Beutetiere.
Lebensraum: Trockenwarme Sandflächen, Pflasterfugen; auch im Siedlungsbereich.
Nistort: Boden.
Flugzeiten: Die Art fliegt zwischen Mai und September, teilweise gibt es eine zweite Generation.
Biologie: Die Weibchen bauen ihre Nester gerne in Sandflächen, wobei sie auch Pflasterfugen und Sandaufschüttungen besiedeln. Sie können dabei stellenweise große Nestkolonien bilden,

was oft zur Verwechslung mit erdbewohnenden sozialen Wespen wie der Deutschen oder der Gemeinen Wespe (Seite 160) führt. Die Nester reichen bis in eine Tiefe von 150 cm. Sie umfassen in der Regel 3 bis 8 Brutzellen. Als Proviant erbeuten die Weibchen fast ausschließlich Honigbienen, die sie beim Blütenbesuch überraschen und mit einem Stich lähmen. Die Beutetiere werden vom Wespenweibchen mit einem körpereigenen Sekret regelrecht gegen Schimmelbildung imprägniert und die Brutzellen zusätzlich mit einem Antibiotika produzierenden Bakterienfilm ausgekleidet. Die Larven spinnen sich zwei Wochen nach dem Schlupf in einen Kokon ein und überwintern als Ruhelarve.
Parasiten: Die Goldwespe *Hedychrum rutilans* parasitiert den Bienenwolf.

 solitär

 VI–IX

 Boden

Schildbeinige Silbermundwespe

Crabro cribarius

Merkmale: Mit ihrer kräftigen gelb-schwarzen Zeichnung ist diese 11–18 mm große Grabwespe gut als Wespe zu erkennen. Das Brustsegment weist in der Mitte unregelmäßig geformte Risse und Furchen auf. Die gelben Querbinden auf dem Hinterleib verlaufen nicht durchgängig, sondern sind auf dem 2. und 3. Segment in der Mitte unterbrochen. Die Männchen tragen auffallende tellerartige Verbreiterungen an den Vorderbeinen, die sie dem Weibchen bei der Paarung über die Augen legen.
Lebensraum: Verbreitet in eher offenen Landschaften, auch im Siedlungsbereich, hier z. B. Pflasterfugen, Trampelpfade oder Kahlstellen im Rasen.

Nistort: Boden.
Flugzeiten: Anfang Juni bis Anfang September.
Biologie: Die Schildbeinige Silbermundwespe gräbt bis zu 20 cm tiefe Nistgänge, die in eine Nistzelle münden. Zusätzlich werden Seitengänge angelegt, die in bis zu drei weitere Brutzellen enden. Zur Ernährung ihrer Nachkommen machen die Weibchen Jagd auf Fliegen und Bremsen, die sie im Flug ergreifen. Jede Zelle wird mit 5 bis 8 Beutetieren ausgestattet und dann sorgfältig verschlossen. Zur eigenen Versorgung besuchen die Tiere gerne Doldenblütler, an denen sie Nektar trinken. Gelegentlich lassen sie sich an Nisthölzern beobachten, wo sie allerdings nicht nisten, sondern sich zur Übernachtung in die Röhren zurückziehen.

 solitär VI–XI Boden

Kotwespe

Mellinus arvensis

Merkmale: Diese gelb-schwarz gezeichneten Wespen haben eine Körperlänge von 11–16 mm (Weibchen) bzw. 7–11 mm (Männchen). Die markante U-förmige Gesichtszeichnung und der mit einer knotenartigen Verdickung abgesetzte Hinterleib machen diese Art unverwechselbar.
Lebensraum: Offene Landschaften, an sandigen Wegrändern, Steilwänden, Hängen, Tongruben; auch im Siedlungsbereich.
Nistort: Boden.
Flugzeiten: Zwischen Ende Juni und Anfang November fliegt diese Wespe mit vermutlich nur einer Generation.
Biologie: Die Kotwespe nistet oft in großer Zahl im Sand, dabei schätzt sie eine zeitweilige Beschattung des Nistplatzes. Die Nestanlage kann bis 75 cm tief in den Boden reichen, wobei von einem Hauptgang bis zu 10 kurze Seitengänge abzweigen können. Jede Brutzelle wird mit bis zu 13 erbeuteten Fliegen (Schmeißfliegen *Pollenia*) bestückt, die mit Vorliebe auf Kuhfladen gefangen werden (Name!). Die Wespenweibchen überraschen die Beutetiere durch langsames Anschleichen, springen sie plötzlich an und lähmen sie mit einem Stich. Verliert das Wespenweibchen seine Beute, so wird sie nicht wieder aufgenommen, sondern ein weiteres Tier gefangen. Auch am Nesteingang wird das Beutetier nie vollständig abgelegt, sondern immer mit Beinen oder Mundwerkzeugen festgehalten. Einen Teil der gefangenen Fliegen verzehrt die Wespe selbst, oder sie „melkt" die Beute durch Pressen und Kneten und nimmt die dabei abgegebenen Körpersäfte auf. Sie nascht aber auch Nektar an den Blüten der Besenheide oder sucht an Eichen nach Blattläusen, deren süße Ausscheidungen sie trinkt.

 solitär   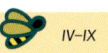 IV–IX    Felsspalten, Gebäude

Orientalische Mauerwespe

Sceliphron curvatum

Merkmale: Die Weibchen sind 17–20 mm groß, die Männchen 13–16 mm. Sowohl Hinterleib als auch Brust der Orientalischen Mauerwespe tragen gelbbraune Binden auf schwarzem Grund, die Beine sind schwarz mit rotbraunen Flecken. Der Hinterleib ist mit der Brust durch einem auffallend langen, leicht gebogenen, schmalen Stiel verbunden. Die in Süddeutschland vorkommende Südliche Mauerwespe (*S. destillatorium*) ist an ihren gelben Beinen und dem weitgehend schwarzen Hinterleib gut zu unterscheiden.
Lebensraum: Im Ursprungsgebiet vermutlich senkrechte Felswände; hierzulande hauptsächlich im Siedlungsbereich.
Nistort: Warme, geschützte Hohlräume, aber oft auch in Gebäuden.

Flugzeiten: Ende April bis Mitte September, eventuell mit einer zweiten Generation.
Biologie: Als Brutnester baut die Orientalische Mauerwespe an regengeschützten Orten etwa 3 cm lange Tönnchen aus Lehm. Auf Regalen, an Gardinen und sogar in Hemdtaschen errichtet sie bis zu 30 dieser Tönnchen, von denen jedes mit bis zu 25 Spinnen verschiedener Arten gefüllt und dann mit einem Ei bestückt wird. Pro Tag kann ein Weibchen 3 Tönnchen bauen, vorausgesetzt, sie findet ausreichend feuchtes Baumaterial. In der Regel schlüpfen die Wespen nach der Überwinterung als Ruhelarve.

Info

Seit sie in den 1970er Jahren nach Österreich eingeschleppt wurde, verbreitet sich diese Art rasant und fällt vor allem in den Städten auf. Die Tiere sind gänzlich harmlos und friedlich.

Service

Bezugsquellen

Wildbienen-Nisthilfen

CLAYTEC e. K.
Nettetaler Straße 113, 41751 Viersen
Tel. 02153 918–0; Fax 02153 918–18
www.claytec.com
Baustoffe aus Lehm, u. a. „Lehm-Oberputz" für die Befüllung von Nisthilfen sowie Stampflehm, Mauermörtel, Schilfrohr etc.

CREATON AG
Dillinger Straße 60, 86637 Wertingen
Tel. 08272 86–0; Fax 08272 86–500
www.creaton.de
Dachziegel aller Art, auch Strangfalzziegel („Strangfalzbiber") für die wildbienenfreundliche Dacheindeckung

DENK – Keramische Werkstätten e. K.
Neershofer Str. 123–125, 96450 Coburg
Tel. 09563 2028; Fax 09563 2020
www.denk-keramik.de
U. a. Hummelburg und Hornissenkasten aus Keramik

Volker Fockenberg
Heimersfeld 77, 46244 Kirchhellen
Tel. 02045 84422; Fax 02045 84745
www.wildbiene.com
Versand von aus Ton gebrannten Nisthilfen für Solitärbienen, Literatur, Trachtpflanzen u. a.

Norbert Franzen
An der Riehe, 231675 Bückeburg
Tel. 0571 34227; Fax 0571 30250
www.lehmbau-kreativ.de
Bau von Wildbienen-Schauwänden in Kitas und Schulen, Lieferung von Nistmaterial

Hasselfeldt Artenschutzprodukte oHG
Hauptstraße 86a, 24869 Dörpstedt/Bünge
Tel. 04627 184961; Fax: 04627 1840240
www.hasselfeldt-naturschutz.de
Anbieter von Nisthilfen und Zubehör für Wildbienen (sowie für Amphibien, Vögel und Fledermäuse)

Johann-Christoph Kornmilch
Drosselweg, 918057 Rostock
Tel. 03834 813095
www.bienenhotel.de; www.aculeata.de
Dieser Bienenexperte gibt Tipps zum Bau von Nisthilfen und bietet käufliche Nisthilfen aus eigener Produktion an.

Schulbiologiezentrum Biedenkopf
Am Freibad 19, 35216 Biedenkopf
Tel. 06461 951850; Fax: 06461 951852
www.schubiz.marburg-biedenkopf.de
Wildbienen-Beobachtungsnistkästen aus Holz und Infos

Schwegler Vogelschutzgeräte GmbH
Heinkelstraße 35, 73614 Schorndorf
Tel. 07181 5037; Fax 07181 5039
www.schwegler-natur.de
Nisthilfen für Solitärbienen und Hummeln

Sämereien und Mischungen

Rieger-Hofmann GmbH
In den Wildblumen 77
4572 Blaufelden-Raboldshausen
Tel. 07952 5682; Fax: 07952 6509
www.rieger-hofmann.de
Umfangreiche Website mit Online-Shop; Abgabe von Samenmischungen in großen und kleinen Mengen, auch für viele spezielle Anwendungsbereiche – von der Schattenwiese bis zur Dachbegrünung; mit vielen wertvollen Informationen für die erfolgreiche Aussaat der Mischungen.

Becker-Schoell AG
Bustadt 35, 74360 Ilsfeld
Tel: 07062 9156–0; Fax: 07062 9156–14
www.becker-schoell.com
Diese Saatguthandelsfirma in Süddeutschland richtet sich vornehmlich an landwirtschaftliche Betriebe und bietet diverse Bienenweidemischungen an.

Bingenheimer Saatgut AG
Kronstraße 24–26, 61209 Echzell-Bingenheim
Tel. 06035 1899–0; Fax: 06035 1899–40
www.bingenheimersaatgut.de
Ökologisch erzeugte Saaten und Mischungen, darunter auch gute Bienenweidemischungen

Saatgut-Manufaktur
Hallstattstraße, 372116 Mössingen-Belsen
Tel. 07473 5020430; Fax: 07473 5020431
www.saatgut-manufaktur.de
Kleine, aber feine Manufaktur, bietet diverse bienenfreundliche Mischungen an.

Saaten Zeller
Erftalstraße, 663928 Riedern
Tel. 09378 530; Fax: 09378 699
www.saaten-zeller.de
Dieses Unternehmen liefert Saaten für ein breites Anwendungsspektrum, darunter die Veitshöchheimer Wildblumenmischungen.

Pflanzen, Stauden und Gehölze

Eggert Pflanzenhandel
Baumschulenweg 2, 25594 Vaale
Tel. 04827 932627; Fax: 04827 932628
www.eggert-baumschulen.de
Umfangreicher Online-Shop, auch mit schwer erhältlichen Gehölzen und einer umfangreichen Auswahl an Weiden

Baumschule Horstmann GmbH & Co. KG
Bergstraße, 525582 Hohenaspe
Tel. 04893 37689–0; Fax: 04893 37689–19
www.baumschule-horstmann.de
Gute Bezugsquelle für Pflanzen aller Art, darunter auch pflanzenswerte Kuriositäten

Kräuter- und Wildpflanzengärtnerei Strickler
Lochgasse 15, 5232 Alzey-Heimersheim
Tel. 06731 3831; Fax 06731 3929
www.gaertnerei-strickler.de
Großes Wildpflanzen-Sortiment

Rühlemann's Kräuter & Duftpflanzen
Auf dem Berg 2, 27367 Horstedt
Tel. 04288 928558; Fax 04288 928559
www.kraeuter-und-duftpflanzen.de
Große Kräutergärtnerei mit Raritäten aus aller Welt und „vergessenen" Gewürzpflanzen für die Küche

Gärtnerei helenion
Kleine Straße 2a, 17291 Grünow
Tel. 039857 39859; Fax 039857 39859
www.helenion.de
Großes Sortiment mit alten Sorten für den Kräuter- und Gemüsegarten

Gärtnerei Immengarten
Immengarten 13, 1832 Springe-Bennigsen
Tel. 05045 8383; Fax 05045 8104
www.immengarten-jaesch.de
Diese Gärtnerei hat sich ganz auf Bienenweide-Pflanzen spezialisiert und war einer der ersten Anbieter von Bienenbäumen (Euodia-Arten; Seite 78).

Internet-Tipps, Literatur

Bienenweide und Garten

www.fachdokumente.lubw.baden-wuerttem-berg.de
Klicken auf: Fachdokumente > Natur und Landschaft > Artenschutz > Wildbienen am Haus und im Garten
Umfangreiches Skript mit Pflanzvorschlägen zur Verbesserung der Bienenweide, erarbeitet unter Mithilfe des Wildbienenspezialisten Dr. Paul Westrich

frp.landeco.rwth-aachen.de
Klicken auf: Service > Skripte > Fassadenbegrünung
Skript zur Durchführung von Fassadenbegrünungen und zum Aufbau geeigneter Rankhilfen

www.fassadengruen.de
Umfangreiche Website zum Thema Fassadenbegrünung mit vielen Hinweisen aus der Praxis

www.die-honigmacher.de
Website rund um die Imkerei, mit durchsuchbarer Bienenweide-Datenbank zur Zusammenstellung eines garteneigenen Bepflanzungsplans

www.bluehende-landschaft.de
Das Netzwerk „Blühende Landschaft" ist eine Initiative des Vereins „Mellifera e. V." und zahlreicher Partner. Es hat zum Ziel, der ständig zunehmenden Verarmung der Landschaft entgegenzuwirken, und gibt Anregungen, wie sich Industriebrachen, Gärten und Balkone in „blühende Landschaften" verwandeln lassen.

www.tlamp.in-berlin.de/beefood.html
Umfangreiche Listen zu verschiedenen Gartenpflanzen und Gehölzen unter Angabe der Nektar- und Pollenwerte

www.gruenewelle.org
Informationen und Tipps zum „Guerilla-Gardening"

Wildbienen und Nisthilfen

www.wildbienen.de
Sehr umfangreiche Website zu Hummeln und Solitärbienen, Artenporträts und Nisthilfen

www.wildbienen.info
Wissenschaftliche und weiterführende Informationen zu Wildbienen, sehr umfangreich

www.wildbienenschutz.de
Informationen zu Nisthilfen und Wildbienen

www.aktion-hummelschutz.de
Website über Hummeln mit umfangreicher Kinder-Rubrik (mit Bestimmungsschlüssel)

www.bombus.de
Umfangreiche Website über Hummeln

www.hymenoptera.de
Website zu aktuellen Themen des Hautflügler-schutzes mit Foren, umfangreichen FAQs zu Problemen mit diesen Insekten sowie der bundesdeutschen Umsiedler- und Beraterdatenbank für Ansprechpartner bei Bienen- und Wespenfragen

www.hymIS.de
Umfangreiche Fotosammlung zu zahlreichen Bienen- und Wespenarten

Bücher und Broschüren

Bellmann, Heiko: Steinbachs Naturführer Insekten. 192 Seiten. Verlag Eugen Ulmer, Stuttgart (2010).
Guter Überblick über einige Wildbienen, Hummeln und Wespen sowie die anderen Insektengruppen.

Bellmann, Heiko: Bienen, Wespen, Ameisen.
Hautflügler Mitteleuropas. 336 Seiten. Franckh-
Kosmos, Stuttgart: 3. Auflage (2010).
Umfangreicher Naturführer zu den Hymenopteren
Mitteleuropas.

Boomgarten, Heike; Oftring, Bärbel; Ollig,
Werner: Natur sucht Garten. 144 Seiten. Verlag
Eugen Ulmer, Stuttgart (2011).
Nützlicher Ratgeber zur naturnahen Umgestal-
tung des Gartens Schritt für Schritt.

von Hagen, Eberhard; Aichhorn, Ambros:
Hummeln: bestimmen, ansiedeln, vermehren,
schützen. 328 Seiten. Fauna-Verlag, Nottuln;
5. Auflage (2003).
Der Klassiker des Hummelschutzes mit Nisthilfen
und Artenporträts der Hummeln in Deutschland

Hintermeier, Helmut und Margrit: Bienen,
Hummeln, Wespen im Garten und in der Land-
schaft. Honigbienen, Hummeln, Solitärbienen,
Wespen und Hornissen. 116 Seiten. Obst- und
Gartenbauverlag, München; 5. Auflage (2009).
Gut verständliche Einführung in die Bienen- und
Wespenwelt im Garten, Nisthilfen und Gartentipps

von Orlow, Melanie: Bienen, Wespen und Hor-
nissen – Nur keine Panik. 32 Seiten. NABU aktiv
(Broschüre), Bezug über die Landesverbände des
NABU oder auf www.nabu.de
Übersicht über die verschiedenen Lebensweisen
von Wespen und Bienen, Gartentipps, Nisthilfen
und Hinweise zum Umgang mit diesen Insekten

Witt, Rolf: Wespen. 400 Seiten. Vademecum-
Verlag, Oldenburg (2009).
Umfangreiches Fachbuch mit Artenporträts und
Bestimmungsschlüssel für solitäre und soziale
Wespenarten

Für Kinder

Möller, Anne: Nester bauen, Höhlen knabbern:
Wie Insekten für ihre Kinder sorgen: 32 Seiten:
Atlantis Verlag, Stolberg (2008).
Dieses Buch für Fünf- bis Siebenjährige zeigt die
versteckten Niststätten von Insekten aller Art.

Steghaus-Kovac, Sabine; Kolb, Arno: Was ist
Was, Bd. 19: Bienen, Wespen und Ameisen. 48
Seiten. Tessloff Verlag Ragnar Tessloff, Nürn-
berg; veränd. Nachauflage (2004).
Fortgeschrittenes Sachbuch für Kinder ab etwa
neun Jahren rund um Bienen und Wespen

Verbände und Organisationen

Bund für Umwelt und Naturschutz Deutschland e. V. (BUND)
Am Köllnischen Park, 110179 Berlin
Tel. 030 275864–0; Fax 030 275864–40
www.bund.net

NABU – Naturschutzbund Deutschland e. V.
Charitéstraße, 310117 Berlin
Tel. 030 284984–0; Fax 030 284984–20 00
www.nabu.de

Naturgarten e. V.
Verein für naturnahe Garten- und Landschaftsgestaltung
Kernerstr. 64, 74076 Heilbronn
Tel. 07131 649999–6; Fax 07131 649999–7
www.naturgarten.org

Mellifera e. V.
Vereinigung für wesensgemäße Bienenhaltung
Lehr- und Versuchsimkerei Fischermühle
72348 Rosenfeld
Tel. 07428 9452490; Fax 07428 9452499
www.mellifera.de

Register

Die **fett** gedruckten Seitenzahlen verweisen auf die Artenporträts.

Bildquellen

Fotos:

Altmann, Ingrid: S. 120, 169, 172

botanikfoto – Steffen Hauser: S. 64, 84, 102

Caspersen, Gisela: S. 99

Denk-Keramik: S. 57

Diestelhorst, Olaf: S. 127, 139

Fockenberg, Volker: S. 15 (o., 3)

Gogala, Andrej: S. 118, 128, 136

Hecker, Frank: Umschlagfoto hinten, S. 7, 8 (l.), 14 (l.), 19 (l.), 34, 43, 44, 47 (l.), 38, 47, 48 (r.), 51 (o.r.), 51 (u.), 55 (u.), 55 (o.), 56, 62, 72, 82 (l.), 85, 91 (u.l.), 91 (u.r.), 95, 106, 178, 132, 142, 143, 147, 153, 156, 167, 151, 175

Hornberg, Hajo: S. 8 (r.), 19 (r.), 25, 27, 28 (o.l.), 28 (o.r.), 28 (u.), 29 (o.l.), 29 (o.r.), 144, 145, 148, 154, 155, 157, 159, 160 (l.)

iStockphoto/Margo van Leeuwen: S. 68

iStockphoto/Willi Schmitz: S. 69 (l.)

Jux, Horst: S. 17 (r.), 126, 141, 173

Keller, Manfred: S. 29 (u.), 48 (l.), 150

Kowalzik, Doris: großes Umschlagfoto

Krumm, Gabi: S. 17 (l.), 18 (l.), 35, 51 (o.l.), 81, 112, 161, 177

Naturfoto cz – Jiri Bohdal: S. 75, 137

Naturfoto cz – Pavel Krasensky: S. 10 (o.l.), 14 (r.), 15 (u.), 24, 36, 108

von Orlow, Melanie: S. 10 (u.l.), 10 (r.), 11, 22, 23 (l.), 23 (r.), 31 (o.l.), 31 (o.r.), 31 (u.), 33 (o.), 33 (u.), 41 (o.), 60, 61, 69 (r.), 73 (r.), 78, 91 (o.), 104 (r.)

Reinhard, Hans: S. 49, 97

Rutkies, Wolfgang: S. 13, (18 (r.), 41 (m.), 41 (u.), 114, 115, 122, 123, 146, 152, 160 (r.), 164, 168, 176

Sauer, Dr. F./Hecker, Frank: S. 111, 113, 119, 131, 166

Schmid-Egger, Christian: S. 124

Schmidt, Jürgen: S. 134, 140, 174

Strauß, Friedrich: S. 103

Van der Smissen, Wolfgang: S. 162, 170

Venne, Christian: S. 110, 116, 117, 121, 125, 129, 130, 133, 135, 138, 149, 158, 163, 165, 171

Zoonar/Eva Dorsch: S. 82 (r.)

Zoonar/eyemagic: S. 80

Zoonar/Georg: S. 87

Zoonar/Himmelhuber: S. 21, 67, 100

Zoonar/Lothar Hinz: S. 4, 65

Zoonar/Naturbildarchiv: S. 45

Zoonar/Tanja S.: S. 16, 104 (l.)

Zoonar/Violetta Honkisz: S. 73 (l.)

Zoonar/Walter Rieck: S. 40

Zwermann, Karin: S. 90

Zeichnungen:

Vordere Umschaginnenseite: Fritz Wendler

Nisthilfen Innenteil: Helmuth Flubacher